PHILÉMON,

OU

ENTRETIENS

SUR

DIVERS SUJETS INTÉRESSANS

DE MORALE:

OU

L'ANTI-BÉLISAIRE.

PHILÉMON,

OU

ENTRETIENS

SUR

DIVERS SUJETS INTÉRESSANS

DE MORALE:

OU

L'ANTI-BÉLISAIRE.

Par M. DE S. H***.

Malo me fortuna in castris suis quàm in deliciis habeat...
(Senec.)

A PARIS,

Chez CHARLES-PIERRE BERTON, Libraire,
rue S. Victor, vis-à-vis le Séminaire S. Nicolas-
du Chardonnet, au Soleil levant.

M. DCC. LXXVIII.

Avec Approbation & Privilége du Roi.

PRÉFACE.

CET Ouvrage ne doit pas être regardé comme une de ces productions frivoles qui n'ont d'autre but que l'amusement des lecteurs, sans prétendre à l'avantage de les instruire ; je ne prétends point au mérite inconstant de la nouveauté, je me suis proposé quelque chose de plus utile : il ne faut pas pour cela, s'attendre à trouver ici la discussion froide & prolixe d'une morale aussi insipide qu'ennuyeuse, non plus que la peinture effrayante d'une vertu farouche ni d'une religion misantrope. Le but auquel tend cet Ouvrage eſt d'offrir le tableau touchant d'une vertu ſimple, modeſte, toujours égale, toujours ſupérieure aux coups de la *fortune*, afin de donner à la jeuneſſe que j'ai particuliérement eu en vue, la véritable idée de la grandeur d'ame. Un héros perſécuté, eſt, ce me ſemble, bien propre à intéreſſer les ames tendres & ſenſibles. Qui ne ſe ſentira tranſporté d'admiration? qui pourra ne pas rendre hommage à la vertu de ce nouveau *Béliſaire*, en voyant ſon noble déſintéreſſement, ſon attachement inviolable à ſon prince, ſon amour pour ſa patrie, la pureté de ſa morale fondée ſur la religion dont il eſt convaincu? Sa fille

n'offrira pas un tableau moins frappant : la vertu a fa philofophie
lorfqu'elle eft épurée dans le creu-
fet de l'adverfité. Les cœurs durs
& inflexibles feront peut-être
étonnés de voir une jeune perfonne
qui n'écoutant que le cri de la nature alarmée, n'eft occupée que
du foin douloureux d'effuyer les
larmes de fon pere & de l'arrofer
des fiennes. On y obfervera la
maniere dont Philémon s'y prend
pour former le cœur de deux
jeunes gentilshommes à la vertu,
ainfi que la docilité avec laquelle
ces jeunes gens reçoivent les
leçons de ce refpectable Mentor.

Leur empreffement à s'inftruire
fera un modèle d'émulation pour
la jeunefle. Peut-être fera-t-on

scandalifé de voir le plus jeune
des deux devenir amoureux de la
fille de Philémon ; mais lorfqu'on
confidérera cet amour innocent
s'accroître dans le filence , s'épu-
rer au fein de la vertu , l'on ne
pourra s'empêcher de convenir
qu'il eft des paffions avouées par
la religion même , fur-tout lorfque
c'eft elle qui en infpire les fentimens , & que fon efprit les
dirige. Quoi de plus beau , que
de voir un jeune homme environné de toute la pompe de la
fortune , chercher à s'inftruire
fous le toît de l'indigence , fans fe
laiffer prévenir contre les haillons
de la pauvreté ! Je me flatte qu'il
eft peu de perfonnes , qui , lifant
attentivement cet Ouvrage , ne

fentent naître en elles l'amour
de la vertu. L'émulation naît
ordinairement au récit ou à la
vue des grandes actions ; les lauriers qui fuivent la victoire en-
flamment le cœur du Général qui
tranfmet l'amour de la gloire dont
il eft dévoré, dans l'ame de fes
foldats. C'eft ce qui me fait efpérer que la peinture de la vertu
en fera naître l'émulation dans
le cœur de la jeuneffe. Enfin je
me flatte que cet écrit ne fera
qu'infpirer aux lecteurs le defir
de fe fignaler, celui de fe rendre utiles à leurs concitoyens ,
ainfi que cette noble émulation
qui fait le caractere diftinctif de
la nobleffe Françoife : émulation
qui lui infpire le goût des grandes

actions & donne essor à l'activité de son génie presque toujours porté au grand, & qui lui fait distinguer à travers les nuages de l'enfance tout ce qui porte l'empreinte de l'utile & de l'honnête, toujours préférable à ce qui est marqué au coin dangereux des passions.

Je crois devoir prévenir mes lecteurs que cet Ouvrage étant pour ainsi dire le fruit de l'imagination, en exceptant néanmoins les faits historiques que j'ai répandus çà & là, lorsque la circonstance m'a paru susceptible de quelques citations, je n'ai point observé en le composant d'autre plan que celui des idées, ni suivi d'autre marche que celle de la nature : c'est le moyen qui m'a parû le plus propre à faire naître l'intérêt & à donner du nerf a cette espece de roman (1), qui ne laisse pas cependant de renfermer ne morale pure, réfléchie dans une place avanta-geuse. On ne doit donc pas s'at-tendre à trouver ici, un fait di-rectement appuyé sur l'autorité de l'histoire, quoique quelque chose de semblable se soit passé sous le regne du Czar Pierre-le-Grand, dans la personne d'un de ses mi-nistres. Au surplus que le héros

(1) Je dis roman, parce que tout ce qui n'est point aujourd'hui l'histoire d'une nation ou d'un pays considéra-ble, est ainsi traité par les censeurs du bon ou du mauvais goût : je ne décide point la question.

dont j'ai tracé le portrait, ait exiſté
ou non, que ce ſoit un être chimé-
rique ou réel; il n'en ſera pas moins
vrai de dire que le tableau que j'en
ai fait eſt celui d'un grand homme.
Il ſeroit à ſouhaiter pour l'honneur de l'humanité que ce puiſſe
être celui de tous les hommes !
Ce n'eſt point ici une hiſtoire,
je le répete, ce n'eſt point un
roman, j'oſe l'aſſurer : mais enfin
c'eſt quelque choſe, me dira-t-on?
Ah ! ſans doute, c'eſt quelque
choſe, puiſque c'eſt la peinture
riante de la vertu ; & à coup ſûr
ce n'eſt pas peu. On ne trouvera
pas dans cette lecture, comme je
l'ai déjà dit, un plan découſu de
principes moraux ennuyeux, mais
ſeulement la morale de l'honnête

homme & du bon citoyen. Je me suis particuliérement attaché à gagner les cœurs, à flatter l'esprit, sans porter préjudice aux mœurs, malheureusement trop dénigrées dans une foule d'écrits licentieux & criminels. J'ai fait mon possible pour le dépouiller de ce clinquant d'imagination qui semble être le vernis réservé aux productions frivoles répandues dans les sociétés livrées à l'oisiveté, & enfantées pour charmer les ennuis de la paresse : mais ce dehors séduisant n'en impose point aux gens de goût : on est moins avide de lire les romans à mesure que les esprits deviennent moins superficiels : mais malheureusement le siecle où j'écris, peut s'appeller à jufte titre celui de la frivolité ; auffi je fens combien il feroit dangereux pour le fuccès d'une production nouvelle, de la dépouiller entiérement des graces du ftyle & des agrémens de la fiction ; auffi ai-je tâché d'éviter d'être trop fec, peut-être fuis-je tombé dans un autre défaut, je veux dire, celui d'être trop diffus. Je me fuis efforcé de faire pour le mieux ; fi j'ai échoué dans mon entreprife, il faut s'en prendre à mon peu de capacité : j'avoue de bonne foi mon ignorance, c'eft pourquoi je paffe volontiers condamnation fur ce que l'on pourra me reprocher. Je n'ai point encore la manie des auteurs mo-dernes, qui ont la fureur de vouloir juſtifier leurs ſottiſes. Si mon ouvrage eſt bon, tant mieux pour le Libraire, il y trouvera ſon compte, & le public ſera content; s'il eſt mauvais, tant pis pour ma gloire, j'aurai la douleur de me voir ranger dans la foule immenſe de ces écrivains obſcurs qui tombent dans le gouffre de l'oubli. Quoi qu'il en ſoit, je me crois diſpenſé de m'étendre davantage ſur la nature de cet Ouvrage; le public judicieux & éclairé me jugera plus ſainement que moi, c'eſt de ſon ſuffrage dont je ſuis jaloux, & nullement de celui des *ſots*, toujours prompts à trancher net, & à faire le procès d'un auteur, ſans avoir lu ou compris ſon ouvrage.

Le ſujet eſt riche par lui-même,

& par conséquent le champ vaste ;
c'est pourquoi l'on auroit pu exiger
qu'il fût traité avec plus de soin
& d'exactitude, & qu'il s'y ren-
contrât moins de répétitions ,
souvent elles se trouvent nécessaires à cause de la nature du sujet
ou par rapport au dialogue qu'il
renferme : j'ai fait ce que j'ai pu ;
ai-je réussi ? c'est au tems à m'en
convaincre.

DISCOURS

PRÉLIMINAIRE.

DE tout tems les belles actions ont eu leurs apologistes : rarement le mérite échappe aux éloges. En effet, si quelque chose parmi les hommes est digne d'attirer leur hommage en fixant leur attention, c'est, sans contredire, la vertu, sur-tout lorsqu'ils la trouvent reléguée sous les sombres lambris de la cabane. Tel est le caractere du héros que j'ai conçu, & qui est pris dans la nature même ; aussi grand que modeste dans la prospérité, sublime & au-dessus d'un mortel dans le sein du malheur, vertueux jusqu'au dernier soupir ; voilà le tableau touchant qu'offrira la disgrace de Philémon ; disgrace qui servira de

triomphe à fa vertu, en couvrant
fes ennemis d'un opprobre éternel.
Il eft vrai que le mérite & la vertu
peuvent être ignorés pendant quelque tems, trahis & méconnus;
mais, il n'eft pas moins vrai que
tôt ou tard, ils renverfent les bar-
rières élevées devant eux, percent
la foule, diffipent l'obfcurité qui femble les environner, & s'attirent en
peu de tems les hommages de tous
les hommes ainfi que leur vénération : auffi voit-on très-peu de
grands hommes qui aient le droit
de reclamer contre l'injuftice de la
poftérité. La vertu a toujours des
partifans, & tel qui rougiroit d'être
vertueux ne peut s'empêcher d'admirer la vertu dans autrui ; elle a
des droits fur le cœur fouvent le
plus dépravé, malgré lui il fe trouve forcé de lui rendre hommage

lorfqu'il en voit briller l'éclat. Tout le monde devroit être convaincu que ce que le mérite vivant n'obtient pas, la jaloufie défarmée le lui accorde volontiers après la mort (1) ; l'héroïfme de la valeur ou de la vertu, n'a jamais été enfeveli dans les ombres de l'oubli. De tout tems il y a eu des hommes qui ont fait l'ornement du monde, la gloire de leur nation & l'honneur de l'humanité : chaque fiecle nous en fournit fucceffivement des époques glorieufes, que l'hiftoire fe plaît à recueillir avec foin dans fes faftes. La poftérité toujours jaloufe de trouver un champ mémorable & glorieux de belles actions, fe complaît, fi j'ofe m'exprimer ainfi, à y moiffonner des leçons de définté-

---

(1) *Extinctus amabitur*..... Hor.

reſſement, de grandeur d'ame, à y
puiſer les ſentimens d'une noble
émulation & des leçons frappantes
de vertu : elle aime à feuilleter les
annales de chaque nation, afin de
porter un jugement ſain & éclairé
ſur les différens événemens qui y
ſont recueillis : telle eſt la glorieuſe prérogative de l'hiſtoire, c'eſt
de citer à ſon tribunal le Monarque & ſes ſujets, les princes & les
peuples, les riches & les pauvres,
& de les juger tous avec une égale
intégrité : de la ſévérité dont elle
uſe, naît néceſſairement cet hommage
déſintéreſſé, & cet encens auſſi pur
que légitime qu'elle brûle avec plaiſir ſur l'autel qu'elle éleve elle-
même aux grands hommes ; delà
vient auſſi le châtiment moral qu'elle
exerce ſur la mémoire des méchans,
en la flétriſſant d'un opprobre éternel

aux yeux de la poſtérité la plus recu-
lée. Avec bien plus de plaiſir nous
la voyons payer un juſte tribut de
louanges à tous les hommes qui ſe
ſont également ſignalés par leur mérite & leur vertu , ainſi qu'à tous
ces génies fameux qui ont étonné
leur ſiecle par leur intrépidité , le
déſintéreſſement de leur conduite, la
noble étendue de leurs idées , ou
par leur habileté dans les affaires , ou
par leur prudence conſommée dans
l'art de faire mouvoir à propos les
reſſorts puiſſans d'une politique auſſi
judicieuſe qu'éclairée , de laquelle
dépendent très-ſouvent les ſuccès les
plus importans & la deſtinée des
plus grands empires. Ce ſont donc
les actions d'éclat & les grands
exemples de vertu , qui font naître
en nous cette admiration , qui va ,
pour ainſi dire , juſqu'à l'enthouſiaſ-

me , & qui fait germer dans nos cœurs le noble defir de les imiter. Quel moyen plus fûr de faire naître cette louable émulation , que de mettre fous les yeux de mes lecteurs le tableau touchant d'un mortel vertueux, victime de fa propre vertu ? Voilà le portrait que j'ai ébauché dans ce petit volume : trop heureux fi j'ai pu réuffir à le rendre intéreffant ! J'ai cru qu'il pourroit flatter les ames fenfibles pour qui la peinture de la vertu, & fur-tout de la vertu malheureufe & trahie a toujours des charmes, en leur faifant répandre des larmes délicieufes. Voilà le feul but que je me fuis propofé en expofant mon travail au grand jour. Je laiffe à ces écrivains fameux le droit de célébrer ces hommes dont la gloire eft le fruit malheureux des peuples défolés ou des pays dévaftés , & dont les funeftes lauriers font moiffonnés fur les débris fanglans du genre-humain. Que leurs écrits fublimes éterniffent la mémoire de ces héros préconifés par la renommée , dont le rare mérite eft fouvent d'être des tyrans heureux : ce n'eft qu'à des génies auffi élevés qu'il appartient de pouvoir immortalifer la cruauté de ces hommes habiles dans l'art d'égorger leurs femblables , & de cueillir les palmes immortelles du génie , en peignant des campagnes défertes , abreuvées de fang , cou-vertes de carnage , jonchées de cadavres expirans ; je l'avoue avec franchife, je n'envie point leur gloi-re , j'admire leur talent ; mais je n'af-pire point à l'honneur de les imiter en marchant fur leurs traces; j'aurois trop de peine , ce me femble , à m'accoutumer à tremper ma plume dans le sang, je craindrois d'apprivoisér mon cœur à la férocité. Il me semble bien plus doux, bien plus flatteur & non moins utile d'entreprendre de tracer les vertus de l'humanité, sans m'occuper à présenter la peinture hideuse des vices qui la déshonorent ; j'aime beaucoup mieux, je le répete, présenter le tableau de la véritable vertu, caractériser la grandeur d'ame, la faire envisager dans son point de vue fixe, peindre la sublimité des sentimens, faire briller la vertu aux yeux des hommes & tâcher de la leur rendre aimable, que d'exposer les vices de l'humanité érigés en vertus.

Quoique j'aie bien senti la difficulté d'une pareille entreprise, je n'ai pu résister à mon penchant qui m'entraînoit à traiter un sujet aussi beau. J'ai ébauché l'ouvrage ; je ferai toujours jaloux d'avoir pu frayer la route par où des génies plus heureux pourront marcher. J'ai penſé, que quelque foible que puiſſe être le talent d'un jeune auteur, s'il ne jouit pas de la gloire que pourroit lui procurer l'exécution de ſon ouvrage, on ne pouvoit au moins le priver du mérite de l'invention, qui ſemble le dédommager de ce qu'il perd par le défaut de capacité.

Je me ſuis particuliérement attaché dans l'entrepriſe que j'ai faite de mettre la vertu ſur la ſcène, de lui faire jouer un rôle digne d'elle ; j'ai cru devoir lui préparer un grand théâtre, afin de la faire briller davantage dans un ſiecle où elle eſt ſi peu connue : pour la rendre plus intéreſſante & en même-tems plus frappante, j'ai fait ſervir

un monarque à son triomphe,
afin de convaincre les personnes
qui liront cet Ouvrage, que la vertu
& le mérite sont tôt ou tard récompensés.

TABLE
DES CHAPITRES
Contenus dans ce Volume.

Livres nouvellement imprimés.

Essais sur le Récit, ou Entretien sur la manière de Raconter, par M. l'Abbé Berardier, ancien Professeur d'Eloquence en l'Université de Paris, in-12.

—— Du même, Précis de l'Histoire Universelle, avec des réflexions, in-12.

Observations Philosophiques sur les systêmes de Newton, de Copernic, de la pluralité des mondes ; précédées d'une Dissertation Théologique sur les tremblemens de terre & les orages, par l'Auteur du Catéchisme Philosophique, in-12.

Mon Apologie, précédée du dix-huitiéme siécle ; Satyre, quatriéme édition, par M. Gilbert, in-8°.

Examen impartial sur quelques observations sur la littérature, par M. l'Abbé Duparc, in-8°.

Mémoires Philosophiques du Baron de ***, grand Chambellan de Sa Majesté l'Impératrice Reine, 2 vol. in-8°.

Principes généraux de Jurisprudence, sur les droits de Chasse & de Pêche, suivant le droit commun de la France, à l'usage des Seigneurs & de leurs Officiers, par Me ***, Avocat en Parlement à Dun en Argonne, pet. in-12.

PHILÉMON,

PHILÉMON,

OU

L'ANTI-BÉLISAIRE.

CHAPITRE PREMIER.

L'AURORE commençoit à dorer l'horifon ; un voile éclatant de pourpre & d'azur embelliffoit les Cieux ; le Soleil du haut de fon char radieux commençoit à faire fentir aux mortels fes douces influences, & à féconder la terre par la chaleur de fes rayons bienfaifans. Le réveil enchanteur de toute la nature endormie annonçoit le retour de l'aimable printems ; les arbres dépouillés de leur parure fe couvroient de feuilles naiffantes, les champs de verdure, les jardins

A

de fleurs odoriférantes. Le spectacle de
la nature renaissante inspiroit une admiration qui transportoit l'ame au-dessus
d'elle-même. Une douce rosée tombant
en larmes de crystal, faisoit briller la
terre verdoyante aux yeux du vigilant
laboureur. Les prairies émaillées de mille
fleurs invitoient les mortels à sortir du
fond de leur retraite, où les avoit tenus
renfermés l'impétueux Borée. Toute la
nature offroit le spectacle le plus flatteur
& le plus séduisant, lorsque Elmire &
Bélinde au lever d'un beau jour voulurent
partager ensemble les plaisirs de la vie
champêtre.

Elmire étoit une simple fille qui
ne connoissoit d'autres soins que ceux
qu'exigoit d'elle l'emploi de mener
paître les troupeaux de son pere, ni
d'autre plaisir que celui de voir les jeunes
agneaux bondir sur l'herbe tendre, &
gravir en se jouant le sommet rocailleux
des montagnes.

Bélinde, plus instruite, étoit la fille d'un
vieux militaire, qui, après avoir servi son

prince avec zèle & distinction, l'espace de cinquante années, se trouvoit dans sa vieillesse réduit à la simple condition de villageois, condition simple à la vérité, mais souvent plutôt digne d'envie, que faite pour mériter l'indifférence qu'on y attache. Philémon, c'est le nom du généreux Bélisaire dont je vais essayer de tracer le portrait, trahi de la fortune, poursuivi par des courtisans jaloux de son mérite, qui étoient parvenus à le noircir auprès du monarque qu'il avoit jusqu'alors servi avec autant de noblesse que de désintéressement, languissoit éloigné, à l'abri du faste dangereux des cours, uniquement occupé du soin de faire valoir par ses mains un petit héritage échappé par hasard des débris de sa fortune. Comme la prospérité n'est pas toujours le fruit de l'équité, rarement aussi le bonheur accompagne le vrai mérite : Philémon couvert de blessures honorables, heureux de vivre ignoré, loin des bords rians de la Seine, goûtoit la douce satisfaction de vieillir dans les bras de sa fille, qui seule étoit capable de mêler quelque douceur à l'amertume de ses chagrins. Ainsi vivoit Philémon, heureux & satisfait de pouvoir dans sa disgrace, cultiver un champ dont la rétribution toujours incertaine, lui présentoit de tems en tems l'image effrayante de la nécessité : en effet, quoi de plus incertain qu'une ressource confiée aux dangers de l'intempérie des saisons ?

Elmire & Bélinde, toutes deux à-peu-près du même âge, unies depuis quelque tems par les liens d'une étroite amitié, toutes deux occupées au travail des champs, cherchoient l'occasion favorable de se rencontrer, afin de jouir du plaisir consolant de s'entretenir ensemble. Une conformité d'humeur, une espece de sympathie inexplicable, sembloient les avoir réunies pour leur faire goûter les douceurs d'une tendre & solide amitié. Bélinde, qui étoit étrangere au village, qui avoit vu briller pour un instant, l'éclair de la fortune & de la grandeur, croyoit pouvoir se dédom-

nager des injures du fort, en épanchant
fon cœur dans celui de l'innocence ;
peu accoutumée aux fatigues de la vie
champêtre, l'attachement d'Elmire fuffifoit pour en modérer la rigueur &
la lui faire aimer. Si de tems en tems,
le fouvenir fâcheux des malheurs de fa
famille s'offroit à fon efprit & couvroit
fon vifage du fombre voile de la trifteffe,
la préfence d'Elmire ou de Philémon
fon pere, diffipoit en un feul inftant les
fombres nuages de la mélancolie. Son
plaifir le plus doux étoit d'épancher fon
cœur & de dépofer l'amertume de fes
chagrins dans le fein de cette innocente
compagne. L'une & l'autre s'étant affi-
fes au pied d'une colline, Bélinde lui
adreffa ces paroles en foupirant, les
yeux mouillés de larmes, qu'elle s'efforçoit envain de retenir : que les épines
cruelles de l'infortune, ô ma bien aimée!
perdent de leur rigueur dans le fein de
l'amitié! près de toi, je les vois fe changer en rofes, & mon cœur enivré, le
perfuade à mon imagination trop frappée

A iij

de l'image accablante des malheurs de mon pere. Oui, vertueuse amie, que le ciel a daigné m'accorder pour charmer ma tristesse ; oui, près de toi, j'oublie tout, honneurs, rang, dignité, fortune, je retrouve tout au sein de la nature & de l'amitié. Le sort en maltraitant mon vertueux pere, m'a fait descendre du sommet dangereux des honneurs, qui peut-être n'auroient eu que trop le secret pernicieux d'affoiblir ma raison, de flatter mes sens, & de nourrir en moi cet amour-propre impérieux, ordinaire apanage de mon sexe : mais, le bonheur de vivre avec mon pere, de le consoler, de l'arroser de mes larmes, de lui donner tous les jours des preuves de ma tendresse, de ma reconnoissance, & de ressentir les doux effets de la sienne, me fait trouver le bonheur au milieu même des précipices creusés par la fortune. Je trouve dans mon pere & dans toi, ce que le sort sembloit m'avoir ravi. Les chagrins les plus cuisans & les peines les plus grandes font plus faciles à supporter lorfqu'on eft affez heureux de les pouvoir partager.

Eft-il en effet, rien de comparable à l'amitié ? De quoi n'eft-elle pas capable ? Heureux les mortels qui favent l'apprécier & qui peuvent en favourer les délices ! Ce fentiment digne de l'Eternel qui l'a envoyé fur la terre pour le bonheur des humains, eft la vertu des héros, & particuliérement des ames vertueufes & fenfibles. L'amitié accompagne les hommes par-tout; par-tout ils peuvent en goûter les douceurs : il n'eft rien qui réfifte au pouvoir de fes charmes : elle fait changer les déferts effrayans de la Lybie, en de fomptueux palais : moins emportée, moins violente, & moins impérieufe que la paffion de l'amour, qui charme & trompe les foibles humains, elle en a toute la douceur, toute la vivacité ; tous les agrémens; fans être accompagnée de crainte, de dangers ni remords, elle eft toujours plus folide.

Si on la confidere du côté des reffources qu'elle peut procurer, combien n'en présente-t-elle pas ? Est-il rien de plus fécond en moyens avantageux & honnêtes que le sentiment de l'amitié ? Elle est pour ainsi dire, l'ame de la société civile. C'est dans son sein que l'homme heureux dépose son ivresse ; elle lui fournit les moyens d'user avec prudence de sa prospérité. Si le malheur vient troubler la sérénité des jours du sage, il va près d'elle chercher un baume salutaire à sa douleur ; il va se consoler & déposer dans son sein l'amertume de ses douleurs. L'homme va puiser à son école les sentimens élevés, & cette fermeté noble qui fait supporter le malheur avec une espece d'héroïsme, & qui maintient l'ame du héros dans son équilibre au milieu de la foudre & des éclairs. Elle est presque toujours l'aliment de la grandeur d'ame & de la modestie, qui doit toujours accompagner l'héroïsme.

Ainsi parloit Bélinde à son amie. Ce discours ne parut point étrange à Elmire, qui n'y voyoit rien que de naturel ; mais son cœur le sentoit beaucoup mieux que sa bouche ne pouvoit l'exprimer.

Cependant sensible à la confiance, & aux tendres caresses de Bélinde, Elmire crut devoir répondre à son amitié, non par un langage étudié, mais par la voix de son cœur qui seul la conduisoit en tout.

Si le cœur d'une simple fille est digne du vôtre, dit-elle à Bélinde, hélas ! disposez-en, il jure de ne s'attacher jamais à d'autres. Le travail & la fatigue ont été jusqu'ici l'aliment de ma jeunesse ; l'habitude que j'en ai contractée dès mes plus jeunes ans, m'en font supporter la rigueur sans en sentir la peine. L'obscurité de ma naissance, l'état pénible de mon pere, m'ont condamnée dès mon berceau aux différens travaux de la vie rustique ; heureuse dans mon obscurité, exente d'ambition, je vis tranquille & contente au sein de la médiocrité : je n'éleve pas mes desirs au-dessus de la sphere dans laquelle je suis née ; le bonheur après lequel on court tant dans le monde, & qu'il eſt ſi rare de rencontrer, n'eſt pas fait pour les bonnes gens. Non, chere Bélinde, point de bonheur à enviſager ici pour les malheureux, nés dans l'infortune, ils meurent dans la miſere ; & voilà l'unique eſpérance de celles qui comme moi, n'ont connu que les lambris de cette pauvreté reſpectable, que les grands mépriſent. Hélas ! je n'envie point leur grandeur ; je ſuis plus heureuſe dans mon obſcurité, qu'ils ne le ſont au milieu de leur opulence. Leur bonheur eſt de vivre mollement, & de contenter à grands frais leurs deſirs inſatiables : le mien eſt bien différent, il faut que je le trouve dans la rigueur même de l'état que je ſuis obligée de ſuivre. L'habitude m'aide à ſupporter le poids de la chaleur d'un été brûlant & me fait braver les froids cuiſans d'un hyver rigoureux. Je paſſe ma jeuneſſe à conduire un troupeau à travers les glaces de la ſaiſon la plus rude L'habitude, chere Bélinde, oui, l'habitude fait tout, elle ſait rendre tout fa-

cile ; elle vient à bout de faire résister
aux travaux les plus durs, & le sexe le
plus foible que la misere a bercé dans
l'enfance, résiste à ce que le travail offre
de plus pénible, lorsque la nécessité
l'exige. Mais vous, mon aimable amie,
puisque vous voulez me permettre de
vous appeller ainsi, vous qui êtes étrangere au village, vous en qui la nature
a pris plaisir d'étaler ses merveilles, comment la fortune peut-elle insulter aux
charmes dont elle voulut vous embellir ?
Je suis certaine, car il suffit de vous
voir pour en être convaincue, que vous
êtes née dans une condition bien différente à la mienne ; peut-être dans un
rang dont l'éclat éblouit, malgré la perfidie qu'il cache presque toujours. Si cela
est ainsi, comment se peut-il donc faire
que vous devanciez le jour pour aller
au travail ? A cette étonnante activité,
& à votre vigilance, il n'est personne
en vous voyant, qui ne croie que vous
êtes née au village, & que vous y avez
passé vos jours. En effet, qui pourroit
A vj

s'empêcher d'admirer tant de vertus ?
Vos mains délicates qui ne devroient
vous fervir qu'à cueillir les fleurs qui
naiffent fous les pas de la beauté, font
brunies par les ardeurs du Soleil, & vous
aident à fouiller la terre, afin d'en tirer
une jufte, mais trop pénible fubfiftance.
Il faut avoir une ame d'une trempe bien
extraordinaire pour pouvoir fupporter
des épreuves auffi cruelles avec autant
de fermeté.

Ce difcours fimple & naïf fit une im-
preffion douce fur l'ame de Bélinde, qui
ne pouvoit s'empêcher d'admirer cette
éloquence que dicte & infpire la nature
unie au fentiment. Elle lui répondit en
lui ferrant la main, & d'un œil attendri,
que fon fort n'avoit rien d'extraordinaire,
que d'ailleurs le monde en fourniffoit mille
exemples, à la vérité fous différentes
figures. Ne fais-tu donc pas, mon amie,
lui dit-elle, que l'adverfité fi fouvent un
mal, eft fouvent un grand bien ? Le malheur eft néceffaire à l'homme, il le rappelle à lui-même, il met un frein à fon

orgueil lorsqu'il a été affez foible pour fe méconnoître. Les dignités , la puiffance , le crédit , l'autorité , toutes ces prérogatives paffageres aveuglent l'homme en place. L'ambitieux parvenu, grâce à la faveur , & non à fon mérite , s'imagine n'être plus le même homme lorfqu'il voit fes projets couronnés. Ses parens , fes bienfaiteurs , fes amis , ceux même à qui il doit fon exiftence , ne font plus rien à fes yeux. Il s'aveugle quelquefois au point de prétendre foumettre l'univers fous l'empire de fa nobleffe éphemiere ; fon orgueil lui dérobe pour un inftant la fphere obfcure qui l'a vu naître , dans celle qu'il croit la plus digne de lui. Les hommes ordinaires ne font plus à fes yeux éblouis par un fantôme d'honneur , que comme des infectes rampans , faits pour fervir d'alimens à fa cupidité : mais le ciel , bientôt par un coup éclatant & inattendu , venge l'humanité outragée ; des caufes fecrettes lui arrachent fes honneurs , renverfent fa fortune , découvrent fa conduite désho-

norante, flétriffent fes intentions, mar-
quées au fceau de l'ambition, & détruifent en un feul inftant l'ouvrage de plufieurs années. Combien de coloffes orgueilleux & menaçans ont été détruits
& renverfés de cette maniere ? Le pouvoir
légitime exclut l'orgueil, de même que
le rang le plus élevé doit être tempéré
par la modeftie. Il fuffit à un homme
en place de commander avec empire,
pour qu'il attire en peu de tems la haine
du peuple, toujours redoutable pour
ceux qu'il croit devoir craindre : auffi
voit-on fouvent un potentat, dont la
faveur s'eft éclipfée peu après fa naiffance,
ou qui plutôt a difparu comme l'éclair,
être forcé de fentir malgré lui qu'il eft
homme, en éprouvant toutes les vicif-
fitudes de la vie. De même que la néceffité enfante les prodiges étonnans
de l'induftrie ; ainfi, l'adverfité rappelle
l'homme aveuglé, mais en qui l'honneur
& le fentiment fe font encor entendre,
au tribunal de fa propre raifon, & le
force de fe juger lui - même. Si j'avois

jamais pu m'enivrer du poifon de l'orgueil, la fituation dans laquelle je me trouve fuffiroit feule pour éclairer mes yeux ; mais j'ai vécu, j'ofe le dire, au milieu des grandeurs, fans en fentir la vanité : élevée dès mon enfance fous les lambris de la fortune, mon cœur ne s'en eft jamais énorgueilli ; c'eft ce qui me fait goûter une forte de douceur dans l'honnête obfcurité où mon pere & moi fommes tombés. La pauvreté ne me fait pas rougir, l'opulence où j'ai vécu ne m'a pas éblouie. Le rang & la fortune où le prince avoit élevé mon pere, étoient une fuite de fes vertus, & fa difgrace en fut également le fruit : il crut qu'il ne devoit pas affujettir fa façon de penfer à la maniere de vivre ordinaire des grands. Guidé par l'équité, il a cru devoir s'oppofer à des propofitions également contraires aux intérêts de fon fouverain & à ceux de l'état. Il n'en fallut pas davantage pour le rendre fufpect & hâter la ruine entiere de fa famille & de fa fortune. Ignore-t-on les malheurs qui trou-

blent la vie des hommes ? Ne sait-on
pas que la vie est une carriere de biens
& de maux, un enchaînement bisarre
de révolutions de toute espece, une al-
ternative singuliere de prospérité & d'infortune, une foule d'événemens opposés les uns aux autres, qui se succédent
par des alternatives surprenantes ? mille
incidens cruels semblent se réunir pour
en troubler la tranquillité.

Aujourd'hui on dresse des autels à des
dieux que l'on foulera demain aux pieds ;
demain un autre le remplace & se trouve
bientôt le jouet des caprices de la fortune,
qui ne se lasse jamais d'élever d'orgueilleux monumens, pour jouir bientôt du
plaisir malheureux de les détruire en un
seul instant. Ici, c'est un homme que le
hasard ou la cabale éleve aux premieres
dignités de l'état ; l'intrigue l'y place, l'intrigue saura l'en précipiter ; là, c'est un honnête-homme dont le cœur est généreux,
humain, bienfaisant, vertueux, d'une
grandeur d'ame à toute épreuve : ami
zélé du citoyen qu'il voudroit protéger,

fon rare mérite l'éleve-t-il dans un rang dont il rougiroit d'abufer ? bientôt les envieux s'attacheront à lui , ils couvriront fes meilleures actions du voile fpécieux d'une ambition fagement concertée ; la perfidie venant y mêler fon poifon , fon malheur devient en peu de tems , le fruit douloureux de fes vertus & de la fageffe de fes confeils , tous établis fur le bien public qu'il voudroit procurer : mais quelle honte pour fes ennemis , de fe voir forcés d'être les témoins de fon triomphe , & de voir fon mérite qu'ils avoient prétendu anéantir en le faifant méprifer , devenir l'heureux inftrument du bonheur de fa patrie ! L'hiftoire fourmille , fi j'ofe m'exprimer ainfi , de ces fortes d'exemples ; Ariftide , Thémiftocles ; mais il n'eft pas befoin de citations pour appuyer un fait fondé fur l'expérience ; il fuffit d'avoir parcouru les annales des quelques nations pour en être convaincu.

Qui pourroit, d'après ce tableau, s'empêcher de convenir que la vie humaine

reſſemble à une frêle barque confiée aux
haſards des flots ? Un rien peut la périr :
tel qu'un vaiſſeau agité par la tempête,
battu par la fureur des vagues, paroît tantôt enſeveli dans les abîmes de la mer, &
reparoît bientôt porté ſur la cime des
flots qui s'élevent en montagnes, juſqu'au
moment où le Ciel s'appaiſe & devient
ſerein. Le calme qui ſuccede à l'orage, le
fait voguer avec ſécurité, en attendant,
qu'un ouragan plus furieux vienne allarmer de nouveau le pilote qui le conduit.
Il faut ſavoir tenir tête à l'orage, le danger ne doit effrayer que les ames foibles
& puſillanimes : l'homme doit faire dépendre ſa vie & les revers qui y ſont
attachés, de la volonté du Dieu de qui
l'univers dépend, ſans tout-à-fait s'en
rapporter à un principe de deſtinée,
langage ordinaire d'une infinité de per-
ſonnes qui font dépendre leur vie d'une
eſpece de fatalité qu'ils ne conçoivent
pas.

On diroit en effet, qu'une eſpece de
bouſſole dirige la vie des hommes ; ex-

poſée à mille révolutions, il faut au moins tâcher de les éprouver avec fermeté, & d'affronter tout ce qui peut en troubler le cours. L'on ſera ſans doute étonné d'un tel langage, dans la bouche d'un ſexe à qui l'on refuſe le droit de raiſonner. Il n'en eſt cependant pas qui puiſſe mieux ſentir les choſes, ſi ce n'étoit l'eſprit de frivolité que l'on inſpire aux femmes dès leur plus tendre enfance. Un Lecteur inſtruit en ſera moins ſurpris ; la morale ſort toujours à propos de la bouche d'une infortunée, à qui ſes diſgrâces ne manquent pas d'inſpirer une certaine philoſophie que le malheur développe ordinairement, & qui prend ſa ſource dans la nature même.

C'eſt principalement dans les ames bien nées que ſe trouve cette heureuſe philoſophie : rien ne les enfle, rien ne les abat ; elles trouvent le bonheur dans l'indigence comme dans le ſein de la fortune. La vertu les ſuit en tout lieu, & elles trouvent la félicité par-tout où les hommes ſavent lui rendre hommage. Hélas ! à

quel funeste prix achete-t-elle souvent
l'encens qui lui est dû ? Tout ce qu'elle
peut offrir de plus intéressant, & les
tableaux touchans qu'elle présente sans
cesse aux yeux des hommes, n'ont pas
assez de puissance pour faire la plus lé-
gere impression sur ces idoles du siecle,
qui livrés aux plaisirs & à la mollesse,
ne se délassent des fatigues de la volupté,
qu'en afilant dans le fond de leurs su-
perbes palais, le tranchant du glaive de
la tyrannie ; la vertu noble & malheureuse a perdu le droit de les attendrir.
Les cris perçans de l'indigence ne frap-
pent plus leurs oreilles, lorsqu'une fois
ils ont résolu de se désaltérer du sang
des citoyens pour agrandir leur fortune & illustrer leur famille ; alors, tous
les moyens leur paroissent permis, &
pour mieux réussir dans leur monstrueux
projet, ils font, pour ainsi dire, dis-
soudre tout ce qui peut leur servir, dans
le creuset de leur cupidité, qui souvent
est façonné des mains de l'avarice qui
conduit à tout.

L'ambition ne fait rien refpecter, pas même la chaumiere du pauvre : rien de facré pour ce monftre deftructeur, fleau de l'humanité. Dans des tems moins orageux, où il y avoit beaucoup moins de reffources, où l'efprit humain étoit retenu dans des bornes beaucoup plus étroites, les hommes plus fenfibles & plus humains, vivoient plus heureux. Le riche tendoit une main fecourable au pauvre, & prenoit plaifir à foulager fa mifere. Les tems ont bien changé ! Aujourd'hui, l'infortune eft un crime que l'on punit en rendant plus malheureux encore celui qui en eft la victime ; on diroit que les hommes fe font une étude cruelle de fe tourmenter. On les voit fe prêter mutuellement la main pour fe nuire.

Ainfi s'entretenoit Bélinde avec Elmire, qui ne pouvoit qu'admirer la jufteffe de ce raifonnement. Bélinde réfléchiffant fur les révolutions étranges qui étonnent tous les jours les gens du monde, difoit à fa compagne, ô mon amie ! que le fort de ton pere & l'état actuel du mien, est préférable à tous ces postes brillans qui alterent les ambitieux. Au village, on est moins rafiné, mais on est plus sincere ; on est moins éclatant, mais tout y est plus solide ; l'on ne s'y berce pas l'imagination d'une infinité de chimeres, mais on s'occupe de remplir son état avec honneur, & non pas à courir après une vaine fumée d'honneur, dont la vapeur empoisonnée étouffe presque toujours ceux qui en sont avides. Avec moins d'étalage & de somptuosité, l'on y vit heureux, & l'on épargne beaucoup à la mesure de ses peines ? On y voit regner la paix & l'innocence ; chacun se fait un point d'honneur d'avoir de la probité & des mœurs; l'homme le plus simple rougiroit de manquer à la religion ; personne ne s'y laisse infecter de l'esprit de systême, au contraire on se fait un honneur de marcher sur les traces de ses peres : on tâche d'y couler des jours tranquilles à l'abri des orages qui vont fondre sur le palais des grands. L'honnête villageois, content de la fortune de ses ayeux, en fait fructifier l'héritage sans ambitionner le bien de son voisin ; sensible à l'honneur, son cœur ami de la droiture, se refuse à la moindre injustice. Si l'intérêt, vice ordinaire des gens de campagne, les guide, la crainte du mépris ou de passer pour injustes, les engage à faire des sacrifices. En effet, l'honneur n'est jamais mieux respecté que par les villageois ; leur cœur est aussi droit que leurs mœurs sont simples. L'idée seule d'une bassesse fait frémir les habitans des campagnes ; s'ils sont jaloux du titre d'honnête homme, au moins en ont-ils les sentimens : ils n'en font point une vertu factice, comme dans le monde où le clinquant de l'extérieur est regardé comme un symbole d'équité.

Tel est le tableau des hommes qui composent la scene que l'on voit sur le théâtre du monde. Un nom distingué, une dignité imposante, une fortune brillante, un étalage somptueux & magnifique, font très-souvent le mérite de bien des gens, qui veulent étouffer leurs subalternes par la fumée de leur nobleſſe, titre honorable, dû aux vertus de leurs ayeux, vertus qu'ils ſe gardent bien d'imiter, qu'ils terniroient s'il étoit poſſible que le nom des héros puiſſe jamais être avili par les baſſeſſes de leurs neveux.

Pourquoi les tems ſont-ils donc ſi changés ? Pourquoi l'héroïſme n'eſt-il plus une vertu héréditaire ? La molleſſe en eſt la premiere cauſe ; le luxe eſt venu à bout de tout ravager. Son empire a prévalu ſur celui des mœurs. La religion eſt profanée ; or ſans religion, plus de vertus. L'honneur n'eſt plus qu'une vertu de bienſéance dont le ſon flatte l'oreille & dont tout le monde eſt jaloux ſans vouloir être équitable. La bienfaiſance eſt devenue une vertu de parade pour élever des trophées à l'orgueil & à la vanité. On ne connoît preſque plus l'humanité, ce tendre ſentiment dont la ſublimité fait chérir l'homme dans ſon ſemblable & le fait compatir aux maux qu'il endure en cherchant à le ſoulager ; à peine exiſte-t-elle encore ? il eſt vrai

cependant

cependant que bannie du cœur de la plupart des hommes, elle s'eſt réfugiée à la Cour de Louis XVI.

Une auguſte princeſſe, la gloire, l'ornement du trône & les délices de la France, ne ceſſe d'en donner des exemples tous les jours ; la bienfaiſance & l'humanité ſont les vertus les plus cheres à ſon cœur. Le trait que l'on va lire, digne de l'admiration de la poſtérité, en ſera la preuve convaincante.

Souveraine des cœurs, elle ne l'étoit pas alors en qualité de Reine, n'étant encore que Dauphine. Cette anecdote intéreſſante, glorieuſe à la fois pour la nation & pour la princeſſe, qui ſuivit en cet inſtant le penchant de ſon cœur généreux, mérite d'être rapportée.

Un pauvre vigneron du village d'Achere, pere de famille, occupé à travailler dans les champs, pendant que le Roi & toute la cour s'occupoit à la pourſuite d'un cerf, amuſement favori du monarque, ce bon payſan occupé de ſon travail, qui ne pouvoit prévoir

B

l'accident qui alloit lui arriver, fut fort étonné de voir la cour à laquelle le cerf avoit donné le change , se disperser & entourer la plaine, lorsque tout-à-coup, sortant avec la légereté & l'impétuosité du vent, il vint se jetter sur ce malheureux qui ne put l'appercevoir & le blessa dangereusement. Une partie des courtisans occupés à la poursuite de cet habitant des bois, ne s'appercevant pas de l'accident fâcheux qui venoit d'arriver, continuoit à poursuivre le cerf lancé, lorsque tout-à-coup un officier qui de loin vit ce villageois étendu presque mort dans un sillon, en répandit la fâcheuse nouvelle. La princesse instruite de ce malheur, en veut d'abord savoir les détails , & se fait conduire sur le champ près de cet infortuné : arrivée près de cet honnête-homme, on la vit mêler ses larmes à celles que répandoient sa femme & ses enfans. Attendrie de voir ce bon pere entouré de sa famille qui se désoloit dans la crainte de le perdre , & se sentant comme frappée d'admira-

tion au fpectacle touchant de la nature
en pleurs, ne fachant comment exprimer la douleur que lui caufoit cet accident, elle fe mit à effuyer les larmes
de ce malheureux en l'arrofant des fiennes. Toute la cour fut témoin de l'empreffement fingulier, avec lequel elle
lui porta elle-même tous les fecours
néceffaires à fa fituation douloureufe.
Qu'il eft beau de defcendre du trône
pour s'abaiffer ainfi ! Qu'il eft grand
& fublime de voir une princeffe étan-
cher le fang d'un infortuné, victime des
plaifirs innocens de fon prince ! C'eft
à cette école où je voudrois voir ces
hommes orgueilleux qui rougiroient de
rendre fervice à leurs femblables : leur
fouveraine leur apprendra que le rang
qui les éleve au-deffus d'eux, ne leur
donne de droit à nos hommages qu'autant qu'ils favent s'en fervir pour contribuer au bonheur de leurs vaffaux. Ils
y verront que fi la majefté du trône
n'eft pas incompatible avec les devoirs
facrés de l'humanité, ils ne doivent pas

rougir de tendre une main secourable aux malheureux. L'aimable princesse, qui a donné à l'Univers entier cette éloquente leçon, qui fait l'éloge de son cœur & de ses sentimens généreux, a appris à ces hommes qui veulent faire tout plier sous le poids de leur orgueil, que la majesté, la grandeur, & la puissance ne méritent jamais mieux les hommages & l'affection des peuples, que lorsqu'on sait en dépouiller le faste, & se montrer avec une familiarité noble qui touche & intéresse tous les cœurs. Est-il une action plus glorieuse & plus digne d'admiration que celle que je viens de citer ? Un si beau trait manquoit à notre histoire ; il étoit réservé au siécle d'Auguste de le fournir. Il est toujours flatteur pour une nation & en même-tems glorieux de pouvoir enrichir ses fastes par des actions aussi héroïques & aussi rares. En effet, n'est-il pas plus agréable pour un peintre, chargé de l'exécution d'un tableau, de n'avoir à caractériser que des actions de bienfaisance ;

que d'être obligé de toujours représenter la gloire au milieu des horreurs de
la guerre ?

Ce trait ne pourra sans doute que
plaire au lecteur, étant un des plus beaux
qu'on puisse jamais citer pour l'honneur
de l'humanité.

D'après toutes ces réflexions qui nais-
soient d'elles-mêmes dans le cœur de
Bélinde, elle n'eut pas de peine à se
persuader qu'elle trouveroit la félicité
dans la douceur d'une vie champêtre.
Ce qu'elle voyoit tous les jours sous
ses yeux, la confirmoit de plus en plus
dans cette idée. Le travail ne rend pas
toujours les hommes à plaindre, puisque les gens de campagne qui suppor-
tent les travaux les plus pénibles, & qui
par conséquent sont endurcis au mal,
sont presque tous contens & satisfaits
dans leur petit ménage. C'est sous le toît
du laboureur épuisé de fatigues, que
l'on voit la gaieté se déployer sur tous les
visages.

Qu'on se figure un bon villageois ren-

trant le foir fous fa chaumiere. Eft-il un
fpectacle plus beau, plus attendriffant
& plus digne d'envie ? Il me femble le
voir arriver d'un pas lent & tardif aborder fa famille. Quelle douce volupté pour
ce bon pere qui fe voit entourer de tous
fes enfans, qui s'empreffent de le débarraffer, de voir le dernier fruit de fes
chaftes amours lui tendre fes petits bras
careffans, & par un fourire gracieux,
rendre hommage à l'auteur de fes jours !
Dans quelle douce ivreffe fon cœur ne
doit-il pas être plongé ? Au milieu de
cette fcene attendriffante, quel bonheur ne goûte-t-il pas ? En eft-il de
comparable au fien ? Pour moi, je m'imagine qu'il ne changeroit pas fon fort,
s'il pouvoit en fentir la douceur, avec
celui du mondain le plus fomptueux.
N'eft-il pas comme un Roi au milieu
de fes fujets ? cependant avec cette différence, qu'il eft fûr de regner dans
les cœurs qui l'environnent, lorfqu'un
Roi ne peut pas fe flatter du même
avantage fur le nombre de fujets qui

compofent fon royaume, à moins que comme (1) Augufte, il ne s'occupe du

---

(1) Les commencemens du regne de Louis XVI, furent fignalés par des marques particulieres d'attachement & d'amour pour fon peuple. A peine eut-il fait les premiers pas vers le trône, qu'il s'occupa uniquement du foin de rendre fon peuple heureux ; moins ébloui de la pompe de la majefté & de l'éclat qui l'environne, que des obligations qu'elle impofe à tous les Rois, il parut n'être jaloux du rang fuprême, que pour rendre fes fujets heureux & leur faire chérir la douceur de fon regne. La poftérité n'oubliera jamais les belles paroles qu'il proféra lorfqu'il fe vit la couronne fur la tête : comme elles font l'éloge de fon cœur vraiment royal, on ne fauroit trop les répéter aux oreilles & à l'ame des François. Oui, ce font mes enfans, dit cet augufte monarque, en parlant de fon peuple, & tout occupé de travailler à fon bonheur : *je ne veux régner fur eux que par mes bienfaits, ni leur commander qu'afin de les rendre heureux.* Ces paroles ne furent point le fruit d'un enthoufiafme paffager ; elles ont tous les jours leur effet. Qu'on examine toutes les opérations qui fe font faites à l'avantage du peuple, depuis fon avénement au trône, il fera facile alors de s'en convaincre. Il feroit inutile d'en faire ici l'énumération, ce feroit rappeller ce que toute la France fait auffi bien que moi. Il n'y a pas jufqu'aux provinces les plus éloignées qui n'aient déja goûté les fruits de fa fageffe : que ne doit-on pas attendre

bonheur de chacun d'eux en particulier.
Plus de peines, plus de fatigues pour

---

d'un jeune prince qui n'envisage dans l'éclat du
rang suprême, qu'une chaîne plus étroite de devoirs,
& qui loin de rougir de s'y foumettre, fe fait un
plaifir de l'oublier, pour entrer dans des détails
peu faits en apparence pour venir fe mêler aux
foucis du trône ; mais qui bien confidérés, ne
méritent pas moins l'attention du fouverain, que
les négociations les plus importantes ? On rapporte
à ce fujet un trait qui fait l'éloge de ce jeune
Titus. Comme le fait dont il s'agit, me paroît
très - vraifemblable, j'ai cru qu'il devoit trouver
place dans cet ouvrage, où je me fuis particuliérement attaché à tracer de grands tableaux. On
rapporte que curieux de connoître par lui-même,
la mifere de la partie la plus indigente de fon
peuple, étant un jour à fe promener fur le chemin
de *Bellevue*, environné de toute fa cour, il s'en
éloigna, afin de s'amufer un moment de la rufticité
& de la bonhommie de cette claffe d'hommes infortunés, occupés aux travaux les plus pénibles,
fur-tout en été ; je veux dire des gens prépofés
pour l'entretien des grands chemins. Lorfqu'il fut
auprès d'eux, & après leur avoir fait plufieurs
queftions, il leur demanda fi leur travail fuffifoit
pour les rendre heureux, & s'ils pouvoient au moins
vivre avec une honnête aifance ; Voilà un Monfieur
bien curieux, dit l'un d'eux, il a beau jeu de nous
faire pareille demande, s'il avoit autant de peine
que nous, il fauroit bien que nous ne vivons pas

ce bon payſan : il oublie les rigueurs
de ſon état au ſein de ſa famille ; il ne
ſe plaint ni de la chaleur du jour
ni de l'âpreté des frimats. En été, une
boiſſon ordinaire ou quelques fruits

---

aiſément. Avez-vous de bon pain, continua le
prince ? eſt-il cher ? Toujours trop pour de pauvres
malheureux comme nous, dit le même, & ſouvent pas trop bon. En auriez-vous à me montrer,
dit le prince ? Auſſi-tôt l'un d'entr'eux ouvrit ſon
ſac, & lui en montra un morceau durci par la
chaleur du ſoleil, & preſque noir par la mauvaiſe
qualité du froment dont il étoit compoſé. Se ſentant
ému à ce ſpectacle touchant pour toute ame ſenſible, & ſur-tout pour celle d'un Roi, il le témoigna à ces bonnes gens. Un de la bande, plus
hardi que ſes compagnons, qui ne croyoit pas
parler au Roi, prenant la parole, lui dit, mon
cher Monſieur, vous nous paroiſſez un bon humain,
ſi vous vouliez, nous boirions bien volontiers à
votre ſanté. Avec plaiſir, répondit le prince, en
lui donnant une ſomme d'argent fort honnête pour
la circonſtance. Pendant que tout ceci ſe paſſoit,
la cour qui ne quittoit pas le Roi de vue, s'ap-
procha & le fit reconnoître à ces pauvres malheureux, qui ne ſachant comment exprimer leur reconnoiſſance, ſe jetterent auſſi-tôt à ſes pieds,
dont ils ne ſe releverent que pour faire voler en
l'air, leurs pèles, pioches, bêches & brouettes,
en faiſant retentir le ciel de cris de *rive le Roi*,

B v

étanchent fa foif : en hiver, des bour-
rees allumées à la hâte, rappellent
fes fens & lui font oublier la rigueur
de la faifon. Sa compagne fidelle, active
& vigilante, pourvoit le long du
jour aux befoins du ménage ; tous d'eux
s'occupent également pendant le jour
aux foins de leur famille, pour ne penfer la nuit qu'à jouir dans les bras l'un
de l'autre des douceurs du fommeil. Il
n'eft pas, je crois, de félicité plus parfaite :
rien n'en trouble la férénité.

Au village chacun vit heureux dans
fon état ; le fermier que le ciel favorife
fait fervir fon aifance au foulagement
du pauvre, & le pauvre au milieu de
fon indigence fe trouve encore heureux.
Ah ! fans doute le fpectacle nu de la
nature infpire des fentimens inconnus à
ceux qui vivent dans les villes.

Hélas ! difoit Bélinde, dans cet
afyle d'innocence, je fens un charme
qui me féduit, & auquel je ne me
ferois pas attendue : oui, l'on peut être
heureux par-tout, tout concourt à me

le perfuader. Si le bonheur eft fi fouvent imaginaire dans le fein du grand
monde , il n'en eft pas de même au
village : on y jouit au moins de fa réalité. Au milieu de cette converfation ,
Bélinde avoit le cœur rempli de l'idée
de fon pere , qu'elle avoit voulu devancer fur le côteau où il devoit fe
rendre.

L'heure approchoit où Elmire de fon
côté devoit mener paître fon troupeau
dans une prairie voifine, où Bazile fon
pere devoit auffi fe rendre pour élaguer
des arbres ; elles fe féparerent dans la
douce efpérance de fe revoir bientôt.

B vj

CHAPITRE II.

L'Heure approchoit où Philémon devoit se rendre sur le côteau où sa fille l'attendoit. Bélinde assise au pied d'un vieux chêne dont les branches étoient dépouillées de feuilles, calculoit au-dedans d'elle-même les vicissitudes de la vie humaine. Jettant ensuite un coup d'œil sur la mer orageuse du monde, elle s'applaudissoit dans ses malheurs, de n'avoir plus de naufrage à craindre. Les plaisirs innocens & les travaux pénibles de la campagne, le bonheur de posséder une amie fidelle, en qui elle pouvoit épancher son cœur, ne contribuoient pas peu à lui faire oublier la vie molle & sensuelle à laquelle elle étoit accoutumée. Sa plus douce satisfaction étoit de pouvoir goûter le doux plaisir d'être aimée pour elle : il est si rare, se disoit-elle, de trouver dans le monde un véritable ami, qu'on ne peut

jamais se flatter d'en avoir un sur lequel
on puisse compter. On connoît beaucoup
le nom de l'amitié, mais on en ignore
les devoirs & les droits, ou si on les
connoît, l'on craint de les faire valoir.
Rien de si commun dans le monde que
le tendre nom d'ami ; mais en même-
tems, rien de plus rare du côté de la
sincérité : s'agit-il de ses intérêts personnels, d'augmenter sa fortune, d'a-
grandir son domaine, de se procurer
quelque place distinguée, ou de monter
à un rang supérieur à celui qu'on occupe ? s'agit-il de sacrifier un ami pour
se procurer quelques-uns de ces avantages ? on oublie volontiers cette qualité, & on s'établit sans peine sur ses
ruines. La cupidité ne fait rien respecter,
pas même les devoirs de l'amitié. Bélinde, persuadée que deux amis font des
dieux sur la terre, sentoit tout le prix
d'une tendre amitié ; c'est ce qui la consoloit au milieu de ses peines. Elle lui
fit trouver la vie champêtre préférable
au bonheur si souvent empoisonné dont

on jouit dans le monde. Tout lui devint amusant, & flatteur ; les travaux de la campagne , difoit-elle , font récréatifs par la diverfité qui les accompagne. L'occupation à laquelle font affujettis fes habitans , quoique pénible , charme & diffipe les vapeurs de l'ennui. Lorfque par hafard , elle fe trouvoit livrée à fes réflexions , elle ne pouvoit comprendre comment ce qui lui avoit autrefois paru impoffible , étoit devenu pour elle un amufement doux & flatteur. Cela fur- prendra davantage ces mortels affoupis dans les plaifirs , fans ceffe bercés dans les délices de la volupté , qui ne con- noiffent & n'admettent d'autres dieux que le luxe & la moleffe , qui fe font une gloire de paffer leur vie dans une oifiveté honteufe , ne fachant comment employer leur tems , & par-là même inutiles à la fociété & quelquefois à charge à eux-mêmes. Bélinde ne con- nut point ce vice : j'en conclus que les premieres impreffions de la jeuneffe influent ordinairement fur le refte de la vie. L'habitude & l'instruction font tout, & facilitent la nature à faire place à une autre nature.

L'homme trahi de la fortune apprend par ce moyen à souffrir. Caresse-t-elle un homme ordinaire ? examinez-le bien, il changera imperceptiblement d'humeur & de caractere ; il viendra au point de se méconnoître lui-même. En peu de tems, on le voit devenir fier, hautain, méprisant, avare, mou, sensuel, délicat, volup-tueux. S'en voit-il abandonné ou trahi, voit-il ses projets échouer ? bientôt il est forcé de revenir sur ses pas : on le voit se laisser abattre sous les coups qu'elle lui porte ; ainsi tel qu'on voyoit il n'y a qu'un instant, infatué de son nom, de sa gloire, de son opulence, devient sans s'en douter, bas & rampant. Il n'en est pas de même, si c'est un mortel vertueux maltraité par le sort. Ses sen-timens sublimes, la trempe noble de son ame le mettent au-dessus des capri-ces de la fortune & lui font surmonter le mépris qu'on attache à l'état de disgrace. A l'exemple des grands hommes, il brave les revers. Le phantôme de l'infortune n'eſt pas aſſez puiſſant pour l'épouvanter. Se trouve-t-il privé de ſes biens ? il va chercher dans le travail une reſſource honorable, pour ne pas être expoſé à la miſere. La réputation d'un grand homme eſt le ſeul bien dont il ſoit jaloux.

Notre ſiécle en fournit un exemple frappant : un brave gentilhomme, après avoir épuiſé ſa fortune au ſervice de ſon Roi, en obtint pour récompenſe la marque diſtinctive de la vertu guerriere, jointe à une penſion modique, qui étoit la ſeule reſſource qui lui reſtoit pour ſubſiſter, & l'empêcher d'être réduit à la néceſſité, ainſi que ſa famille, qui ne laiſſoit pas que d'être nombreuſe. Il jouit pendant pluſieurs années des bienfaits de ſon prince ; mais il eut le malheur de ne pas en tirer le fruit accoutumé au bout d'un certain eſpace de tems. Ne ſachant à quoi attribuer un revers auſſi conſidérable, qui le mettoit hors d'état de subvenir aux besoins de sa famille, qui comme lui étoit réduite à la derniere misere, & après avoir employé tous les moyens raisonnables pour se faire payer sa pension, selon les intentions du Roi qui la lui avoit accordée; ne sachant de quel côté donner de la tête, ayant trop d'honneur pour s'avilir à la honte de la mendicité, qui sembloit être sa derniere ressource; pénétré de voir sa femme & ses enfans manquant de tout, après avoir vendu le peu d'effets qu'il avoit pour pourvoir à leur subsistance, il prit la résolution de chercher à travailler, se sentant encore plus de courage que de force. Que fait ce brave militaire, tout rempli d'honneur? Il alla chercher de l'emploi, chose qu'on aura peine à croire, parmi des maçons, ne sachant point d'autre état, & s'offrit pour servir comme manœuvre. Il trouva aisément l'occupation qu'il cherchoit, *car ces sortes d'emplois s'obtiennent sans le secours de la faveur.* Un jour qu'il étoit à porter fur fes épaules du mortier & qu'il étoit grimpé fur une échelle, un général dont le nom fera à jamais cher aux militaires & aux honnêtes gens, vint à paffer dans fon caroffe le long des boulevards, qui fervent de promenade au grand & au petit monde pendant l'été : regardant de côté & d'autre, il apperçut de loin un homme affez mal vêtu defcendant d'une échelle, & qui avoit à fa boutonniere un *ruban* rouge, tel que le portent les chevaliers de Saint-Louis. Cette marque de diftinction dans un manœuvre, le furprit au point qu'il s'imagina pour l'inftant, que c'étoit une efpece de badinage que cet homme avoit voulu faire avec fes compagnons. Cependant par réflexion, il envoie un des gens de fa fuite chercher ce malheureux, qui malgré fa mifere montroit encore un air noble & martial, dans l'intention de lui faire une réprimande, s'il étoit vrai qu'il fe fût fait un amufement d'une décoration refpectable, ou de s'informer de la caufe qui le réduifoit à une femblable extrémité, s'il étoit ce que son extérieur annonçoit. L'envoyé l'aborde donc, & lui dit que M. le B. D. demandoit à lui parler, & qu'il eût à obéir à ses ordres. Il n'eut pas de peine à s'y rendre, ce nom qu'il entendoit prononcer, étoit cher à son cœur. Il se hâte de se rendre auprès de sa personne, ayant toujours son *ruban* à son côté. Lorsque le général fut à même de l'interroger, il lui demanda qui il étoit, son nom, sa naissance, & quelle marque de dignité il portoit ? Après avoir satisfait en peu de mots aux premieres questions, il s'étendit en ces termes sur la derniere.

« Réduit à l'extrémité où vous me » voyez, Monsieur, n'ayant d'autre res- » source pour vivre que celle du travail » que je fais à présent, j'ai cru qu'il seroit » moins déshonorant pour moi, de ser- » vir les maçons que de mendier mon » pain. J'ai servi le Roi en qualité d'offi- » cier pendant un long cours d'années ; » j'ai tâché de remplir mon état avec » zele & distinction ; j'ai épuisé pour cet

» effet le peu de fortune que j'avois reçu
» de mon pere qui mourut pauvre, mais
» dont le nom est toujours honoré dans
» mon pays. Il plut à mon prince de
» m'accorder pour récompense de mes
» services, le titre de chevalier dont il
» m'a revêtu, en y joignant une pension
» de cinq cens livres, que l'on m'a payée
» pendant trois ans, mais dont je n'ai
» rien touché depuis huit ans. J'ai em-
» ploié tous les ressorts possibles pour
» me la faire payer pendant ce tems,
» tous mes efforts ont été inutiles, je ne
» pus rien obtenir. Hors d'état de pou-
» voir me soutenir, non plus que ma
» famille, que ce seul secours faisoit
» vivre, sans fortune, sans soutien, sans
» espoir, honteux de faire connoître à
» des amis, qui peut-être ne m'auroient
» pas soulagé, ma triste situation, ne
» pouvant pas non plus me résoudre à
» aller demander ma vie à des citoyens
» dont j'avois défendu les murailles au
» prix de ma fortune, de mes biens,
» de ma santé, & pour lesquels j'ai

» souvent exposé mes jours ; je n'ai vu
» dans mon malheureux fort qu'une feule
» reffource pour me fauver la honte de
» mendier, & le défefpoir de voir mou-
» rir de faim ma femme & mes enfans ;
» ce fut le travail le plus pénible, mais
» le moins aviliffant qui vint s'offrir à
» ma penfée. Peu accoutumé de fervir
» fous d'autres drapeaux, que fous ceux
» de Mars & de la Victoire, je vins me
» ranger parmi des maçons, & me crus
» fort heureux de pouvoir les fervir. En-
» vain, j'avois tenté d'autre moyen, le tra-
» vail fut le feul qui me réuffit. Je fais que
» fi le prince connoiffoit l'état où je fuis
» réduit, il ne fouffriroit pas qu'un brave
» officier, qui a facrifié fa fortune à fon
» fervice, comme je l'ai fait, foit ainfi
» réduit à l'indigence : mais le malheur
» des Rois, eft de ne pouvoir pas tout
» voir par eux-mêmes, & d'être obligés
» de s'en rapporter à des miniftres que
» l'on trompe auffi, & qui par confé-
» quent ne rempliffent pas comme ils
» le voudroient bien, les intentions du

» souverain qui leur confie une partie
» de son autorité ».

Le général ému du discours de cet officier malheureux, ne pouvant retenir ses larmes à l'aspect d'un homme dont il voyoit encore la figure cicatrisée de plaies honorables, l'embrassa & le fit monter dans son carosse avec lui. Après avoir été bien convaincu de la vérité, & des circonstances affligeantes où cet officier s'étoit trouvé, il en fit donner avis au Roi, qui, dit-on, voulut le voir, pour se procurer la satisfaction de le dédommager de tout ce qu'il avoit souffert, & lui assigna en même-tems une pension de *quinze mille livres de rente*, réversible sur ses enfans. Ainsi, son malheur devint en un moment, l'instrument de son bonheur. Cette anecdote prouve jusqu'où peut aller la noblesse & la grandeur d'ame d'un militaire, qui peut se résoudre à tout, excepté à ce qui porte l'empreinte de la bassesse & du déshonneur. C'est sur-tout parmi la noblesse française, où l'on a vu de ces traits d'héroïfme & de fermeté. Il eft peu de nations qui portent la bravoure, l'amour de la gloire, celui du prince, le défintéreffement & le dévouement patriotique auffi loin qu'eux, & l'on peut dire même fans faire tort à aucune nation, qu'il n'y a qu'en France où la nobleffe eft fi dévouée à fon Roi.

La vertueufe Bélinde qui avoit vu fes premieres années s'écouler dans le fein de l'opulence, dont tous les defirs étoient auffi-tôt fatisfaits que formés, comme le font ordinairement ceux des enfans de la fortune, vint cependant à bout de chaffer de fon imagination, l'image du luxe & de la grandeur. Elle fe fit une étude particuliere de former fes goûts, fes penchans & d'établir fes fentimens fur la néceffité & les circonftances. Devenue villageoife, elle en prend la conduite, elle oublie tout ce que fon premier état lui préfentoit de plus féduifant. Ses pas font dirigés par une vertu folide, qui fait fe plier aux circonftances & aux révolutions les plus cruelles : la fim

plicité devient la bouſſole de ſa conduite ; un ajuſtement de payſanne , un
ſimple bavolet , ſes cheveux bouclés
par la nature ſont les ſeuls ornemens qui
compoſent ſa parure. Néanmoins ce négligé , loin de diminuer ſes charmes ni
d'affoiblir ſes attraits , donnoit à ſa figure
un je ne ſais quoi , de vif , de piquant ,
capable de ſéduire l'homme le plus vertueux. Sa beauté , bien loin de perdre
de ſon éclat ſous ce ſimple habillement ,
en brilloit davantage , & lui donnoit cet
air intéreſſant , qui plaît ſans le vouloir ,
& qui ſéduit tout le monde , ſans employer aucun moyen pour y réuſſir ; tant
il eſt vrai que la nature a bien plus de
force & de puiſſance que l'art avec
toutes ſes reſſources. Deſtinée déſormais
à cultiver la vigne , les inſtrumens analogues à ſon travail , viennent ſeuls occuper ſon imagination. Son plaiſir eſt celui
de fouiller la terre , de la cultiver &
de manier avec ſes mains délicates la
bêche & la pioche. Son pere ſeul la con-
ſoloit parmi les rigueurs de ſon état ;
mais

mais l'idée de ce vertueux pere, déja courbé sous le faix des ans, & victime sur la fin de ses jours, de la perfidie des méchans, la désespéroit lorsqu'elle se livroit à ces réflexions affligeantes pour un cœur aussi sensible qu'étoit le sien. Ce qui l'affligeoit davantage, c'étoit de voir le généreux Philémon réduit à la misere, forcé de travailler sur ses vieux jours, & de cultiver des champs que son sang avoit arrosés dans plus d'une bataille : mais revenant ensuite sur elle-même, elle se consoloit de son malheureux sort, dans la persuasion, que la fortune ne pourroit jamais lui porter de plus sensibles coups. Il est, se disoit-elle, des circonstances que rien ne peut prévoir, & que la prudence humaine ne sauroit éviter. On est quelquefois forcé d'embrasser une certaine philosophie, révoltante à la vérité, mais aux loix de laquelle il faut malgré soi se soumettre, parce qu'elle devient un fruit de la nécessité. L'exemple est souvent utile, consolant, persuasif ; c'est l'effet qu'il fit

C

fur le cœur de Bélinde. Je vois, fe difoit-elle, les filles d'alentour, devancer le jour pour fe livrer aux mêmes travaux que moi. Il eft vrai que l'habitude du travail a endurci leurs bras à la fatigue : mais, qu'importe : leur fexe eft auffi foible que le mien, puifqu'enfin il eft le même ; cependant, il ne les empêche pas de monter fur le haut des collines, de parcourir les côteaux, de planter des échalas, de farcler la vigne, d'en élaguer les rameaux fuperflus, & de faire ferpenter ceux qui lui font utiles : cette occupation me charme & me ravit.

En s'entretenant ainfi, elle apperçut le bon Philémon venir de loin : fans perdre de tems, elle courut au-devant de lui, afin de jouir plus promtement de la douceur de l'embraffer. Comme il étoit encore loin, elle fut s'affeoir fur un tapis de verdure, qu'ombrageoit un buiffon épais, voifin de l'enclos de leur verger, dans le deffein de le furprendre à fon paffage.

CHAPITRE III.

Philémon, la bêche sur son épaule, approchoit à pas lents vers le sentier où l'attendoit sa fille. Bélinde dont le cœur battoit à l'aspect de son pere, ressentoit déjà toute l'yvresse & les transports de la nature. Quelle douce satisfaction je vais éprouver, disoit-elle, en regardant un petit panier qu'elle avoit eu soin de remplir de fruits ! Fruits précieux, offerts par la nature, dont la main libérale suffit aux besoins des mortels, à quel respectable usage je vous destine ! Elle avoit eu le soin de les cueillir quelque tems après la naissance du jour. Comme ils étoient encore tout humides des pleurs de la rosée, elle les couvrit de feuilles de vigne, afin qu'ils conservassent leur fraîcheur. Quelle douce volupté je vais ressentir en vous offrant ce petit présent, ô le meilleur des peres, se disoit-elle ! ce sont les prémices de notre petit verger, le ciel par mes mains va vous les offrir.

A peine Bélinde voit-elle approcher Philémon, qu'elle court se jetter dans ses bras : ce bon pere ne s'attendoit pas à trouver sa fille de si bonne heure dans les champs : quelle fut donc la surprise de ce héros de l'infortune, en la voyant accourir à lui, répandant des larmes de joie, d'attendrissement & de tristesse ! Ah ! mon pere, disoit Bélinde en embrassant Philémon, si ma tendresse, mon amour, pouvoient vous tenir lieu de quelque chose, si je pouvois au moins calmer un peu l'amertume de vos chagrins, rappeller le calme de votre ame & faire luire un rayon de joie au fond de votre cœur généreux ; pour cela je donnerois ma vie, c'est un bien que je vous dois, & que je suis prête à vous rendre s'il peut contribuer à vous rendre plus heureux. Le cœur de votre fille vous suit par-tout, par-tout il vous chérit... Que dis-je ? il vous adore.... vos malheurs & la grandeur d'ame avec laquelle vous les fupportez, vous divinifent à mes yeux : je vous ai devancé ici ce matin, j'ai fenti un plaifir inexprimable en vous cueillant ces fruits ; c'eft un foible tribut à vous préfenter, mais c'eft celui du cœur & toute la richeffe de l'indigence ; je fais que le vôtre n'examina jamais la chofe, mais feulement le fujet & l'intention qui la produifit : d'ailleurs je connois votre fenfibilité, l'hommage de la nature flatte toujours l'ame d'un bon pere.

Bientôt l'yvreffe dans laquelle étoit plongé le cœur de Bélinde interrompit fon difcours, pour lui faire répandre dans les bras de Philémon les larmes de la tendreffe : muette de fenfibilité, elle s'efforce de preffer fon pere dans fes bras careffans, fes larmes coulent fur fes joues, elle voudroit encore parler, mais fa bouche fe refufe au fentiment de fon cœur.

Philémon attendri, ne peut s'empê-cher de répandre des larmes, & de rendre grâce au ciel de lui avoir donné

une fille auſſi vertueuſe & auſſi atta-
chée à l'auteur de ſes jours. Surpris,
comme je l'ai déja dit, de la trouver
ſi matin dans les champs, à peine il
en auroit cru ſes yeux, ſans la ſcene
dont il venoit d'être l'objet. C'eſt donc
toi, ma chere enfant, que je tiens dans
mes bras ! à peine le ſoleil commence-
t-il à échauffer la terre de ſes premiers rayons : pourquoi te priver ainſi
de ton ſommeil ? Les fatigues de la
journée ne ſont-elles pas aſſez longues,
ſans chercher encore à les prolonger ?
La délicateſſe de ton ſexe ſe refuſe à
des travaux ſuperflus & trop pénibles.
Pourquoi vouloir forcer la nature ? Va,
laiſſe faire ton malheureux pere, tant
que le ciel donnera un peu de force &
de vigueur à ſes bras languiſſans, il fera
en ſorte que tu ne manques de rien ; heureux dans mon malheur de te poſſéder,
je ne veux que la douceur de te voir avec
moi m'accompagner au travail. Mais,
ſans doute quelque raiſon t'a fait devancer ici l'aube du jour : peut-être, viens-

tu chercher le silence des bois pour pleurer sur la cruauté du sort qui me pourfuit? si cela est, ma chere Bélinde, abjure ce sentiment dicté par la foibleffe; mon malheur est un triomphe de plus pour moi : tant qu'on n'a point à rougir de sa disgrâce , l'innocence perfécutée demeure en paix ; la vertu trahie seroit un mal pour une ame vulgaire ; mais quand on est sa victime, ce n'est point au mortel vertueux à craindre , c'est au contraire au crime à trembler devant lui.

Tout homme qui s'expose sur la scene du monde doit s'attendre à ses révolutions : quand je me suis dévoué au service de mon prince, & à la défense de ma patrie, j'avois prévu tous les événemens malheureux qui sont venus fondre sur moi ; mais leur funeste idée n'a point rallenti mon zele ; il est toujours glorieux de pouvoir se rendre utile à ses concitoyens , même aux dépens de ses intérêts les plus chers, je veux dire de sa fortune & de sa vie. Ah ! ma fille, ne fais-tu pas que la jaloufie veille à la porte de l'homme en place, pour tâcher de lui furprendre quelque défaut, même en faifant le bien ? Vois les affauts nombreux que lui livre l'envie, les embûches que lui tend la trahifon ; les traits de la médifance, de l'impofture & de la calomnie, noircir les plus belles actions de fa vie, & s'efforcer de ternir l'éclat de fa gloire ; comment échapperoit-il à tant d'ennemis cruels confpirés contre lui ? Il ne faut pas s'en étonner : c'eft le propre de la vertu d'être pourfuivie : les vices de l'humanité font dans l'ordre des chofes vis-à-vis d'un homme de bien, comme la famine ou la pefte qui ravage un royaume.

Bélinde qui écoutoit parler Philémon avec une efpece d'enthoufiafme, l'interrompit pour lui communiquer fa façon de penfer, & la maniere dont elle voyoit les chofes : elle lui parla avec toute cette candeur qui fied fi bien au fexe & qui dans notre fiécle eft devenue fi rare.

Les ſentimens que vous me ſoupçon-
nez, ô mon pere, ne ſont point ceux
qui agitent mon eſprit, ni qui troublent mon ame : je penſe à-peu-près
comme vous, ſur les événemens de la
vie humaine, ſans cependant avoir votre
expérience ; je ſais que dans le monde,
ce qui ſéduit & flatte davantage, n'eſt
qu'une brillante chimere qui ſe diſſipe
comme l'ombre, ou paſſe comme la
fumée qui va ſe perdre dans l'air. J'ai
quelquefois entendu dire que le bonheur de l'homme étoit en Dieu ſeul,
ſource pure de toute félicité ; cependant en voyant l'homme juſte abandonné
à la fureur des méchans, je ſerois preſque tentée de croire que le bonheur de
l'homme ſur la terre eſt en lui-même,
qu'il tient à la maniere dont il ſait
enviſager les choſes, & que ſa façon
de penſer en eſt le premier principe : ſi
la Religion ne me diſoit le contraire
j'avoue que ce ſentiment prévaudroit
dans mon eſprit & dans mon cœur. Les
révolutions humaines, je le ſais, ne

C v

doivent point influer fur l'ame d'un grand
homme qui fait fe mettre au-deffus de
tous les maux qui affligent le genre humain. Hélas ! que me ferviroit-il de regretter la fortune que je partageois il n'y
a pas long-tems avec vous ? Les pleurs
que je répandrois ne défarmeroient pas
les méchans , non plus que les mépri-
fables flatteurs qui ont précipité votre
ruine : c'eft par la fermeté qu'on fe rend
victorieux des traits de la calomnie &
de la médifance. Oui , mon pere , je le
répete , bien d'autres fentimens agitent
mon fein , ce font ceux de la tendreffe ,
de la nature.... de la nature allarmée ;
ces fentimens chers & facrés me fuivent
en tous lieux & m'occupent fans ceffe :
la nuit , ils fe préfentent à mon imagination frappée , fous différens afpects ;
le jour , ils ne me quittent pas. Cette
nuit même , dont j'ai abrégé la lon-
gueur , en devançant le jour pour venir
avec la jeune Elmire partager mes douleurs , j'eus des preffentimens.... hélas !
ils me flattoient trop pour que je puiffe

en efpérer la réalité ; oui , mon pere , cette nuit , pendant que votre corps accablé de fatigues , goûtoit les douceurs du fommeil , mon efprit n'étoit occupé que de vous feul ; foit que mon imagination échauffée par différens objets , foit que la chaleur ou l'agitation de mon fang ait chaffé le fommeil de ma paupiere pour ne m'occuper que de vous , votre image étoit fans ceffe préfente à mes yeux ; tantôt je vous voyois , quoique couvert de gloire , victime des intrigues de ceux mêmes à qui vous aviez rendu les plus fignalés fervices. A ce tableau cruel , venoit fuccéder une peinture riante dont la perfpective charmoit encore plus mon ame que mes yeux ; j'aimois à me la perfuader , la nature eft toujours ingénieufe à fe faire illufion fur ce qui peut la flatter ; je vous voyois , dis-je , le front ceint des lauriers de vos belles actions , triompher à la face de l'Empire , de la noirceur & de la perfidie des cabales : je vous voyois , mon

pere, tel que vous auriez toujours dû
être, l'ami, le digne ministre du prince,
& les délices de la nation dont vous
avez si bien défendu les intérêts; je vous
voyois toujours grand, toujours magnanime, à l'exemple des héros, défier
vos ennemis avec une modestie plus
puissante & plus éloquente que ne fait
la fierté, leur tendre les bras, excuser
leur méchanceté, leur pardonner leur
injustice, oublier leur perfidie, & les
protéger auprès de l'auguste souverain
dont vous aviez recouvré l'estime &
la confiance : je vous voyois encore,
comme un autre Auguste, embrasser
les cruels qui auroient desiré voir les
murs du capitole teints de son sang.
Hélas ! toutes ces idées enfantées dans
les vapeurs du songe, se sont évanouies
à la naissance du jour, & j'ai bientôt
senti que ces douces chimeres n'étoient
que les fruits des idées mensongeres qui
viennent caresser les mortels pendant
la nuit.

Voilà, mon pere, ce qui me trouble & ce qui m'a fait venir de si bonne heure sur ce côteau. Quoi de plus simple & de plus touchant pour un pere que le discours de Bélinde ? Quel cœur ne seroit pas sensiblement touché d'un pareil attachement ? Aussi le respectable Philémon n'y fut-il pas insensible : Dieu, dit-il en embrassant sa fille, oui, du séjour de ta gloire tu consoles l'homme juste, tu fais le rendre indépendant des caprices du sort, tu verses dans son ame l'oubli de ses malheurs par les faveurs secrettes dont tu le dédommages. Un cœur que le crime n'a point flétri trouve dans toi un appui consolant ; tu raffermis son courage & ne permets pas que la tranquillité fuye loin de son ame ; il ne cherche point à la troubler en s'apprivoisant avec l'impiété : ennemi déclaré du malheureux esprit de systême, qui a causé de si funestes ravages parmi tant de nations, qui sembloient se faire honneur d'en défendre la cause, il fait remonter tout

à la volonté suprême d'un Dieu dont
la sagesse préside à tout dans l'univers :
il ne regarde point les crises & les an-
goisses de la vie humaine, comme un
simple effet du hasard ; jaloux du titre
glorieux d'homme, il conçoit une idée
juste de la noblesse de son origine ; il
rougiroit de réduire son être dont il
envisage toute la sublimité, à la mépri-
sable destinée de la matiere ; dirigé par
un sentiment éclairé sur sa nature, il
sait se rendre justice en rendant hommage à l'Etre suprême qui lui a donné le
jour & dont il dépend ; au-dessus de tous
les faux raisonnemens des beaux esprits
modernes, les seules lumieres de sa raison
suffisent pour le mettre en garde contre
les paradoxes inventés par la mauvaise
foi, par l'irréligion, & souvent par une
impiété favorable aux passions dont ils
font dominés (1) ; jaloux d'une destinée
heureuse, après avoir parcouru la carriere

_____

(1) Voyez le livre intitulé *Voltaire fra l'ombre*, par
l'Abbé Jule Nuroletti. Rome, 1777.

d'une vie toujours mêlée d'allarmes, fi l'expérience le force d'admettre une deftruction phyfique, qui met une barriere entre lui & les miferes de la vie, il fe donne bien de garde de fe dégrader lui-même, en voulant perfuader à fon efprit (que fon cœur ne manqueroit pas de démentir) que la diffolution d'un tems foit pour lui le fymbole infaillible du néant. Eft-il de folie plus extravagante ? Comment, difoit un favant écrivain du dernier fiécle, peut-il y avoir des hommes affez fanatiques pour s'oublier ainfi eux-mêmes, jufqu'à vouloir fe refufer à ce que l'évidence démontre, à tout ce que la raifon dicte & avoue, que le bon fens perfuade, & que l'orgueil même qui fe fait fentir par-tout femble dire à tous les hommes ? On eft jaloux, pour s'attirer les hommages d'une multitude ignorante, de tirer fon origine de quelques familles illuftres, de pouvoir compter parmi fes ayeux des perfonnages qui aient joué un rôle brillant dans l'état, qui aient eu part aux plus grands événemens, aux actions les plus mémorables ; & d'après cela, n'envifageant plus rien, on voudroit que l'homme une fois privé de la vie, femblable au refte des animaux, foit pour jamais anéanti, fans aucun autre efpoir. Quel aveuglement ! quel délire de la raifon ! l'homme de bien n'auroit pas plus à efpérer que le fcélérat, le vice & la vertu auroient la même deftinée... La-raifon s'oppofe à ce fophifme de l'incrédulité : le ciel eft jufte, s'il permet tous les crimes en ce monde, ou du moins s'il les fouffre, il faura en tirer vengeance & récompenfer la vertu malheureufe : voilà l'idée que je conçois d'un Dieu.

Ainfi parloit Philémon, à qui fes malheurs avoit infpiré une vraie philofophie. L'idée de Dieu confolant l'homme jufte dans le fein des malheurs, & la tendreffe de fa fille le dédommageoient de la cruauté du fort : fa plus douce confolation étoit fa fille ; quelquefois dans fes tranfports il fe plaifoit à lui répéter ces mots ; *le ciel pour garant,*

& ma fille pour partager mon infortune ; voilà ce qui a pu échapper à la rage de mes ennemis, ils m'ont laiſſé ce que j'ai de plus cher. Aime toujours ton pere, diſoit-il, de tems en tems à ſa chere Bélinde, tu fais toute ſa félicité. Tout en parlant ainſi, il pourſuivit ſon chemin pour aller travailler dans un verger voiſin.

CHAPITRE IV.

Pendant que Bélinde & Philémon s'acheminoient vers le verger où ils devoient travailler, Philémon apperçut le bon Bazile qui venoit les rejoindre. Il faut, dit-il à sa fille, lui présenter les fruits que tu m'as cueillis ce matin, je me fais un plaisir de lui faire partager les soins de ta tendresse pour moi. La vertu de ce brave homme me ravit & me transporte ; je ne doute pas qu'il ne soit fort aise de voir combien tu chéris ton pere, car il sait qu'aujourd'hui les enfans ont des préjugés funestes sur les droits sacrés de la nature. On en voit qui rougiroient de lui rendre hommage ; mais ils en font l'opprobre ; grâces au ciel, je n'ai pas ce malheur ; le sort qui permit qu'on me dépouillât de ma fortune, & qu'on me réduisît à l'indigence, n'a pas permis que ma fille fût ingrate, ni qu'elle abandonnât son pere dans sa difgrâce. Bénissons donc le ciel, ô ma chere enfant, il me donne encore la force de travailler pour nous sauver la honte & le désespoir de la mendicité. L'ame du héros réduit à cette extrémité, a bien de la peine à tenir à une épreuve aussi rude ; ton amitié m'aidera à la supporter, aimes-moi toujours avec courage, le ciel te bénira ; tu fais l'éloge du sentiment, l'honneur de la nature & l'admiration de l'univers : quel bonheur pour moi de te posséder dans cette espece d'exil où languit ma vieillesse ? Tes soins m'aident à en supporter le fardeau, tout importun qu'il est ; dans tes bras, ô ma fille, ma chere fille, ton pere est heureux, il oublie tous ses malheurs. Bélinde, à des transports si tendres, ne pouvoit s'empêcher de pleurer & de crier vengeance contre l'injustice des hommes. Ne gémis point sur mon sort, dit Philémon, je le trouve préférable aux grandeurs : le bonheur n'est point dans la supériorité du rang, ni dans la grandeur de la fortune. Il y a toujours à craindre, quand on est dans le cas d'exciter la jalousie : c'est un poison cruel qui fermente quelque tems, pour produire ensuite des effets plus sûrs & plus dangereux : c'est un salpêtre enflammé qui par son explosion cause les plus grands ravages : les serpens de l'envie ont de tout tems infecté l'humanité de leur venin destructeur. C'est elle qui fit pleuvoir sur la terre le déluge de tous les crimes : de quoi ce monstre n'est-il pas capable ? La jalousie se porte aux plus terribles excès dans ses fureurs ; c'est elle qui a causé le premier meurtre & qui a fait abreuver la terre du sang du premier juste ; c'est elle qui a fait tomber le frere sous les coups d'un frere inhumain ; c'est elle qui trouble souvent les empires, qui fait naître les rivalités, qui plus d'une fois a porté la flamme & le fer aux quatre coins du monde ; c'est souvent elle, qui sous des raisons d'état vient allumer le feu de la guerre en secouant les flambeaux de la discorde dans tous les royaumes ; en un mot, c'est

elle qui a fait & fera toujours le malheur
du genre humain : d'après cela, sois convaincue qu'il y a tout à gagner à n'être
connu des hommes que pour leur faire
du bien, (encore souvent s'en font-ils des
armes contre vous,) & que l'on risque
tout à provoquer la jalousie dont les serpens sont toujours prêts à se lancer sur
vous afin de vous étouffer. La vertu,
pour vivre obscure & ignorée, cesse-t-elle
de l'être , & perd-elle de son mérite
aux yeux de l'Eternel à qui tout est présent ? Ne le crois pas, ma fille, pour moi
je pense que la vertu sans éclat, inconnue aux hommes qui n'en doivent point
être la fin, n'est jamais plus heureuse,
que lorsqu'elle échappe à leurs éloges ;
un mérite réel fait éclore les envieux :
ainsi pour éviter les accidens qui ne
manquent jamais d'en résulter, il vaut
mieux faire le bien en silence si l'on
veut se soustraire à la perfidie des méchans, qui se font un cruel plaisir de
tourmenter les gens vertueux.

Philémon s'entretenoit ainsi avec Bélinde, lorfque Bazile vint le joindre dans le verger où il étoit occupé à tailler des arbres. Bélinde courut au-devant de ce bon-homme pour lui préfenter les fruits qu'elle avoit cueillis pour fon pere, & l'embraffa avec un air gracieux qui tranf-porta d'admiration ce vénérable vieil-lard. Comme il étoit un peu fatigué, il alla fe repofer auprès de Philémon fon ami, & ils fe mirent à s'entretenir enfemble.

Ah ! mon ami, dit Bazile, que le fort des gens de campagne eft pénible ! Si les grands connoiffoient tout ce que la nécef-fité & la mifere font faire aux malheureux villageois, ils les épargneroient plus qu'ils ne font. Confolons-nous, dit Philémon, fi notre état a fes peines, il a auffi fes agrémens ; j'ai connu les grandeurs, je connois à prefent leur vuide, leur néant & les dangers fans nombre qui les en-vironnent. La pauvreté ne fait jamais d'en-vieux, mais la fortune & le rang font naître une foule d'ennemis tous occupés à vous creufer des abîmes, afin d'y précipiter quiconque en est revêtu. Il fut un tems où j'allois me récréer dans un Château dont on m'a dépouillé ; j'étois loin de penser alors que je serois contraint d'imiter les *bonnes gens* que j'encourageois au travail ; cependant quelquefois en voyant la joie & la tranquillité dont ils jouissoient , je ne pouvois m'empêcher d'envier leur sort, je craignois même le moment qui devōit me séparer d'eux , je goûtois le plus grand plaisir à être le témoin de leurs fêtes , de leurs jeux innocens , tout cela me dissipoit des soins & des inquiétudes attachés à mon ministere, & chassoit de mon ame la tristesse & l'ennui qui marchent sur les pas de la puissance ; j'aspirois après l'heureux moment, où libre avec honneur , après avoir consacré mes plus beaux jours au service de mon prince, je me trouverois à même de faire le bonheur de ceux que je regardois comme mes amis & mes enfans. Le ciel ne l'a pas voulu, je me soumets à ses décrets , & je n'adore pas moins la main qui m'a

frappé. Je me difois quelquefois à moi-même, quel fera ton bonheur & ta joie, ô Philémon ! lorfque dégagé de tous foins pénibles, de toutes inquiétudes, tu pourras répandre les bienfaits fur les malheureux que le ciel te préfentera : tantôt me faifant une image de l'amitié, je me faifois une fête d'embraffer un bon ami en qui j'aurois mis toute ma confiance ; je ne pus jouir de cette douce satisfaction au fein de l'opulence, mais j'en reffens toute la douceur dans mon état obfcur ; j'aime mieux embraffer un ami pauvre & vertueux, que de recevoir des vifites de bienféance dans les palais de la fortune : l'idée de deux amis me donne celle de la félicité célefte : en effet, je regarde une amitié folide & vertueufe, comme le plus beau préfent que puiffe faire aux mortels la main libérale d'un Dieu. Oui, mon cher Bazile, je me trouve plus heureux fous ma chaumiere, qu'il y a quelques années dans toute mon opulence dont je n'étois pas ébloui, & que j'ai toujours fu apprécier : mes délices

lices feront déformais de vieillir dans une pauvreté honorable, de me con-foler de mes malheurs avec un ami gé-néreux, que je regarde comme un dé-dommagement que la juftice de Dieu a bien voulu m'accorder pour diffiper mes chagrins. Ah ! puiffions-nous, mon cher Bazile, vivre & mourir enfemble ! l'amitié fera notre gloire, notre félici-té, elle fera tout pour nous. Si je défi-rois autrefois d'être dégagé des embar-ras du monde, ce n'étoit pas, mon ami, pour aller m'enfoncer dans les plaifirs, & vivre dans une lâche oifiveté au fond d'un château ; j'étois loin de penfer ainfi ; je favois qu'on pouvoit s'occuper par-tout & fe rendre utile ; au milieu d'une folitude agréable, j'aurois voulu fervir encore également mon prince, l'état, pourvoir aux foins de ma famille, fans négliger aucuns des devoirs de l'hon-nête homme. Après avoir paffé la plus belle partie de ma vie dans les armées, avoir habité les camps, avoir effuié les plus rudes fatigues au milieu des faifons

D

les plus rigoureuses, avoir affronté les dangers de la guerre, avoir vu la mort moissonner à mes côtés des milliers d'hommes ; après, dis-je, avoir échappé à tant de périls différens & avoir bravé le trépas , je me proposois de vieillir en m'occupant à faire des heureux ; je me flattois qu'en faisant du bien à ceux qui étoient alors mes vassaux , je vivrois au milieu d'eux comme un bon pere avec ses enfans , je me bâtissois un trône dans leur cœur ; mes bienfaits devoient en être le fondement, je voulois être comme un roi adoré de ses sujets dont il fait le bonheur ; je ne voulois me faire aimer qu'en m'efforçant de leur rendre le joug de l'infortune facile à supporter , & le fardeau de la vie doux & agréable ; je me flattai de pouvoir dire à l'heure de ma mort, j'ai servi mon prince , dont j'ai tâché de mériter l'estime en le servant avec zele & désintéressement , j'ai défendu les intérêts de ma patrie au péril de ma vie , j'eus le bonheur d'être aimé de mes concitoyens ; c'étoit-là, mon cher Bazile, toute mon ambition, & les seules faveurs que j'attendois de la fortune : Dieu ne l'a pas voulu, puisqu'il a permis que la calomnie des méchans prévalût sur l'intégrité de ma conduite. Telles étoient mes intentions, & je crois que ce devroient être celles de tous les hommes, sur-tout de ceux à qui la fortune permet de contribuer au soulagement des malheureux. Mais, par une fatalité inconcevable, la bienfaisance n'a plus qu'un très-petit nombre de partisans ; le malheureux système de *l'égoisme* infecte presque tous les cœurs & fait oublier aux hommes les devoirs sacrés de l'humanité. Ah ! généreux mortel, s'écria Bazile ; c'est à des sentimens si beaux que l'on reconnoît le grand homme ! non jamais, je n'entendis parler personne avec autant de franchise ; il me semble que si j'avois été dans le cas de pouvoir soulager les malheureux, j'aurois comme vous desiré de vivre à la campagne, sentant bien qu'il est toujours plus flatteur pour une ame généreuse, de faire le bien réel & solide d'une petite portion d'hommes, que de se mettre en tête de vouloir contribuer au bonheur de tous sans se rendre utile à aucuns; & c'est un travers dans lequel donnent bien des gens, qui d'ailleurs ont des intentions pures & honnêtes. Je sais qu'il est bien difficile de contenter tout le monde; il est impossible que dans l'état le mieux conduit, il n'y ait pas toujours des mécontens, soit avec justice ou non; car il est certain qu'il échappe toujours quelque chose à la vigilance du gouvernement le plus équitable & le plus éclairé. On s'attache en premier lieu, à parer la surface ou le côté le plus exposé au grand jour, & l'on néglige souvent l'intérieur, qui est d'ordinaire le plus intéressant; mais je laisse ces sortes de matieres à discuter à des politiques plus éclairés que moi, je connois beaucoup mieux ma charrue que la politique: content de mon honnête médiocrité, il ne me conviendroit pas de déclamer contre les abus de mon siecle ; d'ailleurs je crois que ce seroit fort inutile, ce seroit imiter un homme qui voudroit empêcher un fleuve de couler ou un torrent de faire du bruit. Occupons-nous plutôt, mon cher Philémon, de quelque chose de plus intéressant ; songeons à cultiver le peu de bien que le ciel nous a donné. Dites-moi, je vous prie, que pensez-vous des espérances de la saison ? Il me semble, dit Philémon, que la récolte sera abondante, s'il ne survient pas d'événemens fâcheux jusqu'à la moisson ; l'on voit les bleds jaunir dans la campagne & les épis se multiplier ; les branches de la vigne sont chargées de raisins & promettent une riche vendange ; les vergers sont remplis de fruits. Ah ! bénissons le ciel, dit Bazile, il ne nous abandonne pas. Qui ne lui rendroit grâce, dit Philémon, en le voyant répandre ses bienfaits sur la terre avec prodigalité, en voyant la terre fertilisée par ses heureuses influences, fournir au laboureur la juste récompense de ses travaux pénibles ? Mais quel malheur auſſi pour les pauvres gens de campagne , lorſqu'après avoir éprouvé toutes les fatigues imaginables, le long d'une année , des gelées hors de ſaiſon , des pluies trop abondantes, la fureur de la grêle , la chaleur exceſſive d'un été brûlant , ne leur préſentent plus que la diſette , le déſeſpoir ou la mort ? Ce ſont là de ces malheurs que rien ne peut parer , qui ſont dignes de la pitié des grands. Ce ſont toutes ces victimes des vengeances du ciel , qui ont un droit particulier à l'indulgence & à la protection du ſouverain , à la ſubſiſtance duquel tous les laboureurs contribuent en trempant de leurs ſueurs les ſillons de la terre , & dont les travaux la fertiliſent. C'eſt ce qui devroit exciter la compaſſion de ces Créſus ſans humanité , qui deviennent des tyrans lorſque la ſaiſon a compromis leurs intérêts : comme la loi eſt pour eux , ils emploient alors la puiſſance & l'autorité , pour avoir le droit cruel de ruiner des familles entieres , en exigeant d'un fermier

une rétribution que la terre & le ciel lui
ont refusée. Voilà ce qui m'a toujours sensiblement touché. Hélas ! l'homme n'est-il
pas fait pour vivre avec son semblable ?
Peut-il jamais avoir le droit de se déclarer
tyran ? La loi qui autorise une chose juste, ne
cesse-t-elle pas lorsque l'effet qui doit la
produire vient à manquer par des causes
que la prudence humaine ne peut ni prévoir
ni empêcher ? Tous les hommes auxquels
le hasard a donné de la fortune, & qui
trouvent en venant au monde des titres
fastueux secondés par une opulence égale, contractent essentiellement avec la
patrie l'obligation de contribuer au soulagement des citoyens malheureux : c'est
par ce moyen là que les grands devroient
chercher à se distinguer ; ils devroient se
remplir l'esprit & le cœur d'une vérité
si importante , & croire que les lauriers
qui couronnent le mortel généreux &
bienfaisant , font toujours plus glorieux
que ceux qui font le fruit du malheur
des nations ennemies , moissonnés dans
le sein du carnage , & souillés de sang

D iv

& de poussiere. Oui, mon ami, faire
du bien, le faire avec grandeur, voilà la
seule & véritable noblesse, & le plus beau
triomphe de l'humanité. Après cet entretien, Philémon & Bazile regagnerent
lentement leur cabane, & se séparerent.

CHAPITRE V.

PHILÉMON & sa fille s'acheminoient de grand matin pour se rendre à leur travail ordinaire, lorsqu'ils furent apperçus par deux jeunes seigneurs de la cour, qui demeuroient dans un château à quelques lieues du village où ils résidoient. Tous deux avoient devancé l'aurore pour jouir du spectacle de la naissance du jour: l'un d'eux appercevant Bélinde qui portoit une bêche sur son épaule, fut surpris de voir sa démarche noble & aisée; il admiroit aussi l'élégance de sa taille, qui annonçoit quelque chose de grand, & sur-tout sa beauté, à laquelle un air rembruni donnoit un éclat plus vif & plus piquant. Il la fit remarquer à son ami, qui de son côté s'appercevoit de quelque chose qui le touchoit davantage. Remarquez, dit ce dernier au chevalier de Lussan, ce vieillard vénérable sur le front duquel est empreint le caractere de la vertu; la gaieté semble se déployer fur fa figure, on y voit encore briller des rayons de jeuneſſe; je le prendrois à ſon air majeſtueux, pour un de ces mortels trahis par la fortune & dont le monde n'eſt pas digne : ſans doute la jeune perſonne qui l'accompagne & lui ſert de ſoutien, eſt ſa fille; l'un & l'autre ſont faits pour intéreſſer; j'admire l'empreſſement de cette aimable perſonne, en qui les charmes ne le cédent ſûrement qu'aux vertus; je l'admire eſſuyer le front de ſon pere, voyez comme elle le couvre de careſſes ? C'eſt ici où la nature triomphe, ſon aſyle eſt au ſein de la candeur, de la ſimplicité, elle ſe plaît avec l'innocence. Je les vois, dit Darvigni, tourner derriere ce bois, je ne doute nullement que l'air ſatisfait qu'ils annoncent, ne ſoit un fruit de leurs vertus & de la pureté de leurs mœurs; la paix du cœur ne contribue pas peu à la gaieté & au bonheur des mortels; cette joie que l'on voit peinte ſur la figure des villageois, eſt une preuve que la rigueur de leur

état n'est point incompatible avec le
bonheur ; leur vie toute pénible qu'elle
est, n'est pas moins agréable ; la paix &
la tranquillité en fait le charme, la force
& la santé dont ils jouissent, font le
fruit de leur frugalité ; chaque état a
ses peines, comme ses avantages ; le leur
est marqué à ces deux coins ; le jour,
l'idée seule du travail les occupe : la récompense que le ciel doit accorder à
leurs travaux ranime leurs forces épuisées,
ainsi que leur courage abattu. La nuit,
ils se livrent tranquillement aux douceurs du sommeil, sans crainte & sans
allarmes ; en eux, tout est calme &
tranquille ; leurs passions font celles de
la nature, je veux dire, celles qui font
communes à tous les hommes ; ils ignorent celles qu'enfante le crime ; la
cabane qui les couvre est l'asyle de la
vertu ; le remords d'aucun forfait n'en
trouble jamais la paix ; leur façon de
vivre rappelle ces heureux tems, où les
hommes soumis aux loix de la nature,
ignorant encore le poison séduisant des di-

gnités & des préséances, formoient entre
eux un peuple de freres : s'ils ignorent
les plaisirs bruyans de la vie du monde,
la nature industrieuse leur en ménage de
plus doux & de beaucoup moins à
craindre, puisque l'honneur ni la vertu
ne s'y trouvent pas compromis. Leur
obscurité, dont ils ne sentent pas toujours le prix, est souvent préférable à
la fumée passagere des honneurs. En effet,
à la cour des rois tout est l'ouvrage
d'un instant, & tout s'y détruit de même :
au moins parmi eux, si l'on est ignoré,
l'on n'a rien à redouter ; mais tel est le
fort des hommes de n'être jamais contens dans leur état, ils envisagent toujours quelque chose de plus avanta-
géux, tout ce qui leur est étranger leur
paroît beau dans la spéculative, aucun
ne peut se persuader que tout terrein
produit des ronces & des épines, & qu'il
faut passer au travers avant que de pouvoir cueillir les roses qu'il fait naître :
l'homme étend toujours ses desirs au-delà
de sa sphere ; par exemple, j'avoue que

si mon état & mon rang ne m'attachoient point à la cour, la vie qu'on mene à la campagne me plairoit beaucoup ; en effet, plus je réfléchis, plus j'examine, plus je m'y sens flatter : j'y vois la peinture réelle & naïve de ce qu'on ne voit qu'en idée dans le palais des rois ; je ne vois ici qu'un délicieux séjour ; tout y transporte l'ame dans un enthousiasme sublime que j'ignorois encore ; ma vue est enchantée lorsque je la promene sur ces côteaux rians où les rameaux de la vigne plient sous le fardeau des raisins dont elle est chargée ; je contemple avec admiration ces fertiles vergers, ces bois épais, ces arbres touffus où le soleil pénétre à peine, ces longues allées d'arbres où l'ombre se joue avec le doux zéphir, ces ruisseaux argentés, ces prairies lointaines émaillées de mille fleurs dont les couleurs variées à l'infini récréent la vue qui ne peut suffire pour contempler la richesse de leurs nuances ; le chant mélodieux des habitans des airs, qui dès le point du jour, égayent par leur ramage toute la nature endormie, & semblent célébrer la puissance du Dieu qui les nourit. Ce spectacle n'est-il pas mille fois plus beau que celui que présente le monde ? on n'a qu'à l'examiner de près, qu'y trouvera-t-on capable de captiver un esprit sensé ? Que présente-t-il de si charmant, ce monde que le sage fuit & qui séduit tant la jeunesse ? Son éclat peut éblouir un moment, mais bientôt le charme se dissipe pour faire place à un vuide affreux ; on doit se méfier de ce qui séduit au premier coup d'œil ; le monde est la même chose, c'est une ombre dangereuse qui mene au précipice au moment qu'elle éclaire ; il faut le fuir, si l'on ne veut pas s'y voir englouti ; je voudrois être le maître de sacrifier la fortune qui m'y attend, pour fixer ici toutes mes espérances. Peut-être y rencontrerai-je le bonheur ; mon plaisir seroit de le partager pour mieux en sentir les délices. C'étoit la premiere fois que le chevalier de Lussan entendoit ainsi raisonner son ami ; il en parut surpris, & ne manqua pas de lui faire part sur le champ de l'étonnement qu'il lui causoit. Toutes ces idées philosophiques ne s'accommodoient guère avec l'humeur qu'il lui connoissoit. Le projet est noble, grand, sublime, dit M. de Lussan ; mais si l'exécution s'ensuivoit, le repentir ne manqueroit pas de l'accompagner bientôt. Chercher la solitude à la fleur de son âge, & se confiner dans l'enceinte d'un château, ce seroit de ces phénomenes que la jeunesse ne produit pas volontiers, à moins que l'autorité ne l'y force. Le parti paroîtroit un peu violent, & l'on regarderoit cette espece de conduite philosophique comme une merveilleuse folie de jeunesse, qui prend l'ombre pour la réalité, & qui fait consister la vertu dans des choses où elle n'entre pour rien. Il est des bienséances dans la vie, qu'il est bon de consulter, sur-tout lorsque la raison l'exige. Tout ce qui porte le caractere de la nouveauté a un attrait qui séduit ; ce qui fait qu'on s'y

laisse entraîner sans réflexion. On se
fait une fausse image de la vertu, &
l'on se laisse aveugler par une espece de
fanatisme dont les suites sont toujours
dangereuses. Une philosophie émanée
du caprice ne dure pas long-tems ; la
jeunesse embrasse aussi-tôt la morale,
qu'elle est prompte à faire tréve avec
elle. Tous les objets sérieux sont pour
elle comme les fruits qui ont leur saison. Je veux pour un instant que ce
desir de vivre loin du monde, soit ac-
tuellement une résolution solide, appuyée
sur des principes bien raisonnés : qui
pourroit répondre que tous les avantages que vous voyez à présent à vivre dans
la retraite, ne s'évanouiront pas bientôt
dans votre imagination ? Que la vie champêtre ne vous déplaira pas ? Les douceurs
de la ville, la molle nonchalance où l'on
y vit, la politesse des citoyens, le goût des
arts, des spectacles, l'appas des plaisirs,
n'ont qu'à se renouveller dans votre mémoire ; je les vois au même instant, jetter
sur les attraits de la campagne un vernis

défavantageux qui dégoûte le cœur de
la rufticité des mœurs villageoifes. Avant
de mettre un femblable projet en exécution, il faut y avoir mûrement réflé-
chi. L'appât de la nouveauté tend fouvent des piéges à l'inexpérience de la
jeunesse, qui fe frappe de tout & ne
s'attache à rien. Je ne prétens point
donner mon avis comme une leçon qui
doive prévaloir ; mais là-deffus, mon
cher Darvigni, vous pourrez confulter
l'expérience qui fera plus éclairée que
moi fur un fujet auffi intéreffant ; en
qualité d'ami, j'ai fait parler ici les feuls
droits de l'amitié. J'ai un preffentiment,
que vous auriez envie de connoître la
fille de ce bon vieillard qui vous a frappé
ainfi que moi. Je ne peux qu'approuver
un tel deffein, qui fans doute, ne peut
être qu'honnête. Quelle idée avez-vous
donc de moi, répondit Darvigni : &
quelle conféquence tirez-vous de ma
furprife ? Peut-être déja m'en foupçon-
nez-vous l'ame éprife ! mais défabufez-
vous, je ne fuis pas fi prompt à m'en-

flammer : je ne diffimulerai cependant pas que cette jeune perfonne & fon vertueux pere, m'ont tous les deux inté- reffé en les voyant : cet intérêt redou- ble, quoique je ne les connoiffe pas ; mais de l'intérêt à l'amour, il y a fouvent bien loin : quoi qu'il en foit, je ne doute nullement qu'une perfonne auffi aimable ne foit faite pour en infpirer ; je l'eftime à la vérité fur le portrait que je m'en figure, & j'avoue que dans mon cœur, de l'eftime à l'amour il n'y a plus qu'un pas : ne croyez pas pour cela que je fois l'efclave de mes yeux ; jamais un coup d'œil ne décida de mes fentimens : quoique jeune, j'ai toujours eu pour maxime de chercher à connoître les hommes avant de m'y attacher. Dans le monde ce travail eft auffi pénible qu'in- fruﬅueux. Tous les cœurs y font maf- qués : tel qu'on croit un homme vertueux, eft fouvent une ame baffe & rampante. La femme que vous croyez la plus délicate, la plus honnéte, la plus fenfible, n'a que trop ordinairement l'art de mieux diffimu-

ler & de tromper avec plus d'adreſſe. Tout
eſt faux & trompeur dans les hommes :
quand je me rappelle mes premieres
inclinations, je me confirme de plus en
plus dans mon ſentiment ; le haſard en
décida, le don de mon cœur fut l'ouvrage du ſentiment & de la ſympathie ;
je ne conſultai pour me décider ni le
rang ni la fortune, je foulai tous les
préjugés aux pieds, pour que le ſacri-
fice de ma liberté ſuivît de près celui
de mon cœur. C'eſt ma premiere faute ;
elle fut la ſuite de mon peu d'expérience
& de mon peu de réflexion ; j'eus le tems
de m'en repentir & de verſer des larmes
ſur l'amertume dont elle a empoiſonné
mes jours. C'eſt une erreur paſſagere dont
je ſuis revenu ; comme vous dites fort bien,
la jeuneſſe s'aveugle, ſe trompe, & ſe
creuſe elle-même des précipices, d'où la
raiſon a beaucoup de peine à la tirer.
Quelqu'un qui auroit alors voulu me per-
ſuader que les hommes ſe trouvent ſouvent dupes de la généroſité de leur cœur,
& que la perfidie pouvoit ſe cacher ſous

le voile emprunté d'une candeur ingénue, artifice puissant dont se sert toujours avec succès le sexe trop idolâtré parmi nous, seroit venu difficilement à bout de me désabuser & de me convaincre. Les hommes sont presque toujours victimes de leur bonne foi ; mais il n'est qu'un tems pour les tromper, la faison en est courte, la raison vient à bout de lever le bandeau qui leur couvre la vue : alors, ils ne s'abusent pas volontiers ; ils se défient davantage d'eux-mêmes. On peut rencontrer des cœurs vertueux après en avoir trouvé de corrompus : c'est l'espoir que j'ai toujours eu depuis quelque tems ; je sens que mon cœur ne peut rester vuide : après tout, s'il se laissoit aller à un nouveau penchant, seroit-ce un crime ? le cœur n'est pas toujours maître de résister aux objets qui le flattent ; il est indépendant d'une volonté impuissante, à laquelle sa foiblesse l'empêche d'obéir. Lorsqu'il se sent subjuguer par un sentiment vainqueur, il est obligé de céder malgré lui à sa force irréfiftible ; c'eft ce que j'éprouvai, je me trouvai forcé de me laiffer aller à un penchant involontaire, qui captiva pour-lors toutes les facultés de mon ame, ma fenfibilité naturelle en fut la premiere caufe. C'eft une qualité fouvent bien dangereufe, j'en ai fenti tous les triftes effets ; auffi j'avoue qu'à préfent il n'y auroit pas de beauté pour laquelle je ne fentiffe quelque intérêt, fi je croyois trouver en elle un cœur droit, une ame tendre, & fur-tout l'empreinte de la fidélité ; mais, ce fceau refpectable, qui étoit autrefois la marque diftinctive du véritable amour, & qui lui faifoit tant d'honneur, eft prefque anéanti, ou fi on en découvre encore quelque veftiges, ils reffemblent à ces vieux monumens dont les triftes reftes annoncent leur antique fplendeur ; il en eft de même de la beauté, où de temps en temps l'on voit briller les reftes précieux d'un fentiment qui a furnagé fur les débris de leur pudeur.

Vous vous abufez, mon ami, répondit Luffan, avec tous ces faux principes de délicatesse établis sur des principes encore plus faux.

S'il étoit vrai que j'aimasse encore, repliqua Darvigni, seroit-ce un si grand crime, & devrois-je regarder comme tel, un sentiment honnête & vertueux ? La pureté du cœur doit peu s'inquiéter des rumeurs populaires. J'ai toujours entendu dire que l'amour rendoit l'homme beaucoup moins coupable qu'il ne le rend malheureux, sur-tout quand l'estime & la vertu en font la base. Malgré la force d'un préjugé malheureusement trop accrédité, je ne crois pas non plus qu'on doive l'asservir à l'égalité des conditions, par la raison, qu'un penchant qui naît de lui-même & auquel on ne peut resister, ne dépend pas d'une volonté étrangere pour perdre tout son ascendant. D'ailleurs, comment étouffer un sentiment qui devient plus fort & plus furieux à mesure qu'il rencontre plus d'obstacles ? L'amour n'est-il pas souvent le fruit du hasard qui le fait naître, & qui s'accroît par un accord mutuel, une conformité d'humeur, un rapport de façon de penser & une sympathie inconcevable, par laquelle on se sent entraîner vers un objet de préférence à un autre ? La nature dans cette opération s'amuse-t-elle à examiner les bienséances, & se rend-elle esclave du préjugé pour se décider ? Non, ce seroit un abus de penser ainsi ; d'où je conclus que le cœur est indépendant d'une volonté raisonnée qui semble vouloir s'opposer à son penchant naturel. L'amour dans un cœur ne fait point acception de personne ; il n'est point borné dans ses desirs, il ne connoît point de bornes qu'il ne puisse franchir ; comme les hommes sont nés tous égaux (1), je pense

______

(1) Les sentimens d'un particulier ne pouvant être ceux de tous les hommes, je m'attends bien à trouver des contradictions sur ce système, dans la maniere orgueilleuse de penser de plusieurs lecteurs. Ce système ne plaira pas à tout le monde ; mais, comme il est vrai, j'ai cru le devoir publier, je ne dis rien de nouveau, M. Rousseau en a mieux parlé que personne. Au surplus, il n'y aura que ceux qui n'auront pas une idée nette & distincte

qu'ils sont également nés pour vivre ensemble. Quoi ! n'est-il pas honteux

de la véritable noblesse, & qui ne s'arrêteront qu'au mot, qui s'éleveront contre le système de l'égalité. En effet, tout prouve en sa faveur, la nature ne fait pas plus pour les rois que pour leurs sujets. Le Soleil se leve & se couche également pour tous les hommes. La terre donne ses moissons pour le riche & le pauvre, en un mot, tout est égal pour la nature ; si les hommes l'avoient imitée, ils seroient tous égaux, l'un ne périroit pas de misere, tandis que l'autre vit dans une abondance insipide. On a différencié les états, on a formé différentes classes parmi les hommes, les uns sont les esclaves des autres, apparemment que tout cela est bien ; on a jugé à propos qu'il y eût la misere d'un côté & l'abondance d'un autre, sans doute pour faire naître l'industrie & bannir la paresse ; ces motifs sont bons en eux-mêmes, ainsi il n'y a plus rien à dire. Quoi qu'il en soit, l'égalité parmi les hommes est fort de mon goût ; ce goût est mauvais, dira-t-on, je le veux bien, mais j'ai la manie de croire *que la vertu fait la noblesse*, que si tous les hommes étoient droits, humains & bienfaisans, ils seroient tous également nobles. Penser ainsi, c'est me faire un mauvais parti vis-à-vis de quiconque sera entiché de sa noblesse, & qui n'aura aucune des qualités que j'exige dans un homme noble. Qu'il se souvienne au moins, que Philippe de Macédoine, malgré l'autorité que donne le Diadême, pour ne pas oublier qu'il étoit homme, & de peur de se laisser

que

que le rang & la fortune servent de
barriere au sentiment, & que ce soient
eux seuls que l'on consulte pour former
l'état des citoyens en le faisant dépendre de l'égalité, soit de l'opulence, soit
de la noblesse ? D'après cela, faut-il
s'étonner qu'il y ait tant de familles
malheureuses ? la cause en est facile à
trouver ; ce sont des nœuds mal assortis
qui en font la source. Tout ce qui se
fait par l'orgueil, l'intérêt, l'avarice,
ou la cupidité, ne peut avoir qu'une
suite funeste. Les liens de la société
sont devenus depuis plusieurs siecles,
le prix d'un trafic infame & déshonorant.
Il n'y a pas jusqu'au sentiment le plus pur
auquel on ne se soit avisé de prescrire
des bornes, en cherchant à le gêner par
les entraves de l'égalité. N'est-ce pas un

éblouir par les prestiges qui environnent les rois, ne
voulut jamais donner aucune audience, qu'un de ses
officiers, qu'il avoit chargés de ce soin, sous peine
de mort, ne lui eût dit tout haut, *Philippe, sou-
viens-toi que tu n'es qu'un homme*, & que le nom de
roi, de protecteur & de pere sont synonymes.

E

crime de compter pour si peu de chose
ce qui doit faire le bonheur de la vie ?
N'en est-ce pas un de tyranniser les
cœurs, & de les rendre victimes d'une
multitude de préjugés, qui font l'opprobre de l'humanité ? Si tous les hommes
ont droit à la félicité, c'est donc un
faux principe de la faire dépendre des
caprices de la fortune, ou du hasard de
la naissance, que tout homme sensé n'envisage que comme une brillante chimere.
Les mortels sont tous égaux dans le premier principe, je le répete, & si cette égalité a dû être permanente dans la nature,
c'est principalement dans la liberté du
cœur qui s'attache indistinctement à
l'objet qui le flatte davantage. Depuis
le trône du monarque le plus puissant,
jusqu'à la cabane du dernier de ses
sujets, on ne doit voir dans cet espace
qu'une égalité réelle & une disproportion
de convenance & de nécessité. En effet,
quel motif a fait différencier tous les
états ? C'est un système de politique
sagement vu, nécessaire au bon ordre

& à la tranquillité des empires : mais ce
fyftême fi néceffaire pour le maintien de
l'ordre civil, auroit-il jamais dû influer
fur les fentimens moraux & fur l'union
des familles ? C'eft un point que perfonne ne fauroit décider ; il feroit d'autant plus difficile à réfoudre qu'il eft
prouvé que tout fentiment honnête qui
porte l'empreinte de l'amour, prend fa
fource dans la morale, qui d'abord conduit à l'eftime, & qu'il trouve fa fin
dans le plaifir qui eft le premier but de
la nature dans la réunion des deux fexes.

Cela eft fort bien, répondit Luffan;
mais n'y auroit-il pas auffi un incon-
vénient à s'attacher indiftinctement à
toute forte de perfonne ? vous-même
avez déja éprouvé qu'il étoit dangereux
de fouler aux pieds les bienféances. Il en
eft que l'on doit garder : croyez-vous
qu'aujourd'hui un homme foit aimé pour
lui-même ? Ne le croyez pas : un intérêt
fecret attache toujours les hommes (1).

____

(1) Qui dit les hommes, n'excepte pas les
femmes que ce vice domine affez ordinairement.

De quelque côté que vous vous tourniez, vous trouverez toujours des cœurs faux & trompeurs : la corruption a gagné par-tout ; de la capitale elle a passé dans les provinces, & s'est étendue dans les campagnes. N'allez pas vous imaginer trouver plus de sincérité au village qu'à la ville, cette idée seroit fausse, l'amour est le même par-tout ; s'il est traître à la ville, il est perfide au village : au surplus cette égalité vers laquelle vous penchez si fort, n'est vraie que dans la spéculative ; mais à examiner les choses de près, que d'inconvéniens ne se suivroit-il pas des vos principes ? Croyez-moi, il vaut mieux laisser les choses telles qu'elles sont, que de vouloir réformer des abus qui ont cependant des avantages ; l'inégalité du rang a produit plus d'une fois des scenes déshonorantes dans les familles.

Je crois, répondit d'Arvigny, qu'un galant homme peut être aimé pour lui-même ; mais non pas dans les grandes villes comme Paris, où les hommes

& principalement les femmes se font
un honneur, ou plutôt un métier de
séduire & de tromper les personnes assez
foibles pour se laisser prendre dans leurs
filets. La chose est d'autant plus difficile,
que l'amour dans les villes a besoin
d'étalage trop pompeux ; ce n'est plus
un simple enfant qui n'a que sa beauté
pour parure, & ses fleches pour blesser
les malheureux humains ; ce n'est plus
par la simplicité, la candeur, l'innocence & la vertu qu'il veut étendre les
bornes de son empire ; il exige une parure
empruntée, des équipages somptueux,
des Palais magnifiques, des autels comme
sa mere, des perles précieuses pour mas-
quer les injures du tems, un carmin
semblable à la rose pour effacer les rides
du libertinage ; tout cela ne se peut
fournir qu'à grands frais, & je ne m'é-
tonne pas si tant de jeunes Seigneurs
de nos jours, du reste pleins d'honneur
& de vertu, après avoir sacrifié le plus
beau de leur fortune & perdu leur jeunesse, après, dis-je, avoir fait aller des

amours surannés en carrosse, sont souvent réduits d'aller à pié, & pour
comble de malheur, ruinés à la fleur
de leur âge, ne pouvant pas même
obtenir audience de la divinité en faveur
de laquelle ils ont brûlé tant d'encens.
J'avoue que je ne veux pas m'exposer à
un état si misérable & si déshonorant.
D'après cela ne vous étonnez donc plus
si je parois préférer les mœurs villa-
geoises à celles de la ville, quoique vous
prétendiez qu'elles soient infectées du
même venin, je pense qu'il y a du
plus ou du moins ; je ne vois difficile dans ce projet que le consentement
de mon pere, que sûrement je n'obtien-
drois qu'avec beaucoup de peine, & je
doute fort que je puisse jamais y réussir.

L'entretien s'étoit un peu échauffé
entre Lussan & d'Arvigny, l'heure commençoit à s'avancer & l'appétit à les
gagner, en sorte qu'ils songoient à retour-
ner à leur château, lorsqu'ils apperçurent
Philémon & sa fille, qui retournoient à
leur chaumiere sur le milieu du jour

pour prendre de la nourriture & se dé-
lasser en même-tems. Comme ils desi-
roient les voir de plus près afin de les
interroger, ils furent s'asseoir sur le penchant d'une colline où ils présumerent
qu'ils devoient passer pour regagner le
village qu'ils habitoient.

CHAPITRE VI.

PHILÉMON avec sa fille, regagnoit à pas lents sa cabane, accablé de fatigues. Pouvant à peine marcher, il voulut se reposer sur le bord du chemin. Réfléchissant sur la triste situation où il étoit réduit, il ne pouvoit s'empêcher de pousser de tems en tems de profonds soupirs. Il n'étoit pas accoutumé à cultiver la terre ; la pensée seule de s'y voir condamné pendant sa vieillesse le faisoit malgré lui, murmurer contre l'injustice des hommes. Se tournant par hasard de côté, il fut fort surpris de voir deux personnes qui ressembloient assez à de jeunes courtisans. Seroit-ce quelque nouveau malheur qu'ils viendroient m'annoncer, dit-il à sa fille ? Ou, seroit-ce quelques ennemis nouveaux suscités par la rage de l'envie ? Si le peu qui me reste leur porte encore ombrage, ils n'ont qu'à parler, je suis prêt de le leur abandonner ? S'il ne peut leur suffire, qu'ils approchent, voilà ma tête, je leur livre ma vie, pourvu qu'ils te refpectent, ô ma chere fille ! car je mourrois doublement malheureux s'ils venoient à mes yeux te ravir l'honneur ou corrompre l'innocence de ton cœur. Ce feroit un coup auquel mon courage ne tiendroit pas, ayant toujours préféré l'honneur à la vie. Tout ce que j'ai éprouvé de la méchanceté des hommes, m'a appris à les craindre : c'eft ce qui fait que je fuis fi prompt à m'allarmer. Peut-être font-ce des Seigneurs d'alentour, qui font venus ici pour fe promener, ou s'entretenir enfemble de quelques affaires intéreffantes ? fi cela eft, ils ont affez mal choifi leur tems, car il ne me fouvient pas d'avoir effuyé de chaleur plus exceffive ni plus importune.

Bélinde, pendant que fon pere parloit ainfi, effuyoit la fueur qui couloit fur fon vifage. Que le ciel ne m'a-t il donné autant de force que de courage, difoitelle, je vous épargnerois, mon pere, des travaux dont il auroit dû difpenfer votre

E v

vieilleffe ! mais, hélas ! je ne peux que vous aider, & tâcher de vous confoler par ma tendreffe pour vous. Mes bras, il eft vrai, peuvent dans les tranfports de mon amour, vous preffer contre mon cœur, que ne peuvent-ils de même fuffire au travail qui vous occupe ! ah ! fans doute, vos ennemis doivent rougir de vous favoir réduit dans un tel état.

C'eft ce qui t'abufe, répondit Philémon ; les grands n'aiment point à avouer leurs injuftices, & le crime rougit rarement ; il n'y a qu'un monarque trompé, & dont on furprend l'autorité pour faire le mal, qui fe repent d'avoir prêté les mains pour maltraiter la vertu, qu'on lui a peinte avec le dehors du crime, mais non pas les courtifans qui en font les auteurs. Leur étude eft d'étudier les foibleffes de leur maître pour le tromper plus fûrement & avec plus d'adreffe : mais, tôt ou tard, le ciel venge l'innocence. Quand l'homme jufte gémit dans les fers, les agens de fon malheur ont tout lieu de trembler : fi une fois

fon innocence perce les murs épais qui
la dérobent aux yeux d'un bon prince,
je les vois reculer de terreur & d'effroi
à fon abord impofant relevé de la pompe
de la majefté ; il me femble l'entendre
comme un autre Juftinien , montrant
l'aveugle Bélifaire à toute fa Cour, dire
aux flatteurs qui ont furpris fa religion ,
*tremblez , lâches , fon innocence & fes
vertus me font connues.* Je les vois devenir les victimes de leur baffe flatterie , &
être précipités par une vengeance équitable , dans l'abîme malheureux que leur
mauvaife foi , leur jaloufie , où leur ambition démefurée avoient creufé à l'équité.
C'eft-là ce qui doit confoler un fidele
ferviteur de fon roi , au milieu de fa
difgrâce ; l'efpérance de le voir un jour
défabufé , doit être un baume falutaire
pour fon cœur : d'ailleurs , la vertu ne
cherche point fa récompenfe dans les
hommes ; l'homme vertueux la trouve
dans le fond de fon cœur , qui ne lui
reproche rien. Ah ! n'eft-ce donc rien
ma fille, que la paix du cœur & le té-

E vj

moignage d'une confcience exempte de remords ? Sois toujours perfuadée, *qu'un feul fourire de la vertu, eft plus touchant que toutes les careffes de la fortune.*

Vous me pénétrez, répondit Bélinde attendrie ; je ne peux concevoir votre fécurité , & votre grandeur d'ame : plus je vous entends parler , & plus vous me raviffez : au milieu du fort qui vous opprime , vous excufez encore la main qui vous a frappé ; voilà, je penfe, la marque la moins équivoque d'une véritable vertu : c'eft à de pareils traits qu'on devroit diftinguer un grand homme.

Eh ! pourquoi me plaindrois-je de mon fort , repliqua Philémon ? fois encore convaincue qu'il eft plus glorieux de fouffrir , & d'être perfécuté quand on eft innocent & lorfqu'on n'a rien à fe reprocher, que de vivre à la cour des rois , & d'habiter de brillans palais , avec un cœur criminel , & déchiré par les foucis cruels, ou tour-

menté par des remords encore plus
affreux. C'eſt dans les revers où le courage eſt éprouvé. Les diſgrâces ſont le
creuſet où la vertu s'épure. Il n'eſt pas
néceſſaire d'être courageux pour jouir
des faveurs de la fortune ; mais il faut
de la fermeté pour ſurmonter ſes revers.
C'eſt cette noble fermeté unie à la vertu
qui aide l'homme juſte à faire de ſes
diſgrâces l'inſtrument d'une félicité
exempte d'envie. Il n'eſt rien que la
vertu ne faſſe ſurmonter, & rien n'eſt
plus puiſſant même ſur ſes ennemis. La
cruauté ni les menaces d'un tyran cou-
ronné ne la font point trembler ; les
Nérons n'ont pu que lui donner des
fers, mais non pas l'intimider. Toujours
la même au milieu de l'adverſité, comme
dans la proſpérité, rien ne peut la faire
démentir, rien ne l'enfle, rien ne l'abat.
Si tous les hommes la connoiſſoient, il
n'y en a pas un qui ne voulût être vertueux. Il ſuffit d'être vertueux un jour
pour vouloir toujours l'être. Ainſi parloit Philémon à ſa fille, qui faiſoit ſa

consolation & le charme de ses vieux ans.

C'est sans doute là le langage d'un héros ; personne, je crois, ne pourroit s'y tromper. Ce langage modeste n'est pas celui de la plupart des hommes qui ont reçu quelques outrages. Il est facile de voir que la façon de penser de Philémon ne se ressent en rien de la vengeance ; sa morale est celle de la religion ; il semble vouloir persuader le pardon des injures, & répugner à tout ce qui porte le caractere du ressentiment : plus ses malheurs sont grands, plus son ame fait s'élever au-dessus ; son exemple doit être pour les hommes une leçon de générosité & de résignation à la volonté du ciel, ainsi qu'aux ordres du souverain qui le représente sur la terre.

Tels sont les sentimens de Philémon, ce sont ceux que doivent avoir de fideles sujets & de bons citoyens.

Ce héros alloit se mettre en marche, lorsque Lusían & d'Arvigni allerent à sa rencontre dans l'intention de l'aborder.

D'Arvigni en le considérant, s'apper-çut que malgré les rides de l'âge, il conservoit encore cet air de grandeur & de noblesse qui seuls auroient suffi pour le faire distinguer de la foule. Cet homme n'a pas toujours manié la bêche & la pioche, disoit-il; ses cheveux blancs épars sur ses épaules, m'inspirent une vénération singuliere pour sa personne : le simple vêtement de sa fille emprunte de l'éclat de sa beauté que releve la modestie; j'ai peine à croire que les grâces de sa per-sonne soient le seul ouvrage de la nature; elle me paroît d'autant plus intéressante qu'elle se plaît à la compagnie de son pere auquel elle paroît tendrement atta-chée. Je brûle du desir de la voir & de l'interroge. Approchons-nous de son vénérable pere, proposons-lui de lui être utiles, de soulager son infortune, peut-être ne reusera-t-il pas nos offres ; je serois flatté de pouvoir signaler ce jour par un acte d'humanité.

Cependant Philémon s'avançoit vers sa cabane en bénissant le ciel ; je n'ai qu'un feul defir, difoit-il, ô Dieu ! daigne le fatisfaire ! du féjour de ta gloire, veille fur ma fille, & ménage-lui un fort digne de fa vertu ; fa tendreffe eft le feul lien qui m'attache à la vie, puifqu'il eft vrai que je ne peux plus être utile à mon prince, ni à mes concitoyens : elle feule fait ma confolation dans ma folitude. Pendant qu'il parloit ainfi, il fe vit aborder par d'Arvigni & Luffan ; le premier s'adreffant à lui, parla en ces termes. (Bélinde le quitta alors & alla lui préparer du lait & quelques fruits de la faifon.)

Ne vous allarmez point, vénérable vieillard, dit d'Arvigni, excufez au contraire la témérité de deux jeunes gens dont la curiofité n'a rien de blâmable. Quand vous nous connoîtrez, j'efpere que vous rendrez juftice à notre façon de penfer. Nous fommes venus ce matin dans cette campagne pour refpirer le frais, & nous y avons demeuré jufqu'à ce moment. Nous habitons un Château voifin de ce canton, qu'on nomme Oral ; un je ne

fais quoi nous a retenus dans ces champs:
la richesse de la nature & ses étonnantes
merveilles nous ont portés à les admirer
avec plaisir ; à peine , entrions - nous
derriere ce verger , que nous avons apperçu avec vous la jeune personne qui
vient de vous quitter en nous voyant ;
nous ne doutons pas que sa beauté ne
soit l'image fidelle de la candeur de son
ame. Nous avons pris plaisir à nous entretenir sur différens sujets , entr'autres
sur les agrémens de la vie champêtre ;
pour moi j'en ai conçu l'idée la plus
flatteuse : comme nous pensions à re-
tourner au Château , nous vous avons
apperçu de nouveau ; la lassitude où
vous étiez vous ayant fait asseoir, nous
en avons profité pour venir à votre rencontre : mon ami & moi , vous regar-
dons comme un dépôt sacré que le ciel
nous envoye, & nous serons charmés de
pouvoir soulager votre infortune ; nous
mettrons à profit notre bonheur , si vous
daignez nous éclairer , & donner à notre
jeunesse les leçons que peut lui donner

votre expérience. C'eſt à vos pieds, auguſte vieillard, que nous voulons obtenir
cette grâce de vous : daignez nous accompagner, nous ferons encore trop
heureux de vous poſſéder ; nous ne de-
ſirons autre choſe que de pouvoir vous
être utiles, & de vous procurer un ſort
plus digne de vous & de votre vertueuſe fille. Hélas ! dites-nous, pardon-
nez à mon zele, à qui nous avons le
bonheur de parler.

Mon ami, dit Philémon, je vous
rends grâce de votre bonne volonté ;
je ſuis content de mon aſyle & de ma
fortune ; pour mon nom, il n'eſt pas
fait pour vous inquiéter : il vous ſuffit
de ſavoir que je ſuis un ſimple villageois ; ma fortune ne doit point attirer
les regards de l'envie ; je poſſede pour
tout bien, une chaumiere, un petit jar-
din & un champ près d'ici. Je ſuis
ſatisfait de ce peu de bien ; croyez-
moi, ne vous abaiſſez point devant
moi ; ſi quelqu'un de votre rang vous
eût vu dans une poſture ſuppliante,

il eût fans doute été très-furpris ! il
eft bien rare en effet, de voir la fortune ordinairement altiere & infolen-
te, fléchir devant la pauvreté. Mon
état eft obfcur, mais j'en fuis fatisfait ;
tous les jours je m'occupe à cultiver un
coin de terre fauvé du naufrage de
ma fortune ; j'en jouis, parce qu'il eft
ignoré ; au furplus, l'on ne gagneroit pas
beaucoup à m'en dépouiller, ce ne pourroit être que pour le plaifir de me faire
du mal : je crois cependant avoir épuifé
tous les traits de la fortune. Heureux
de vivre inconnu, pauvre & fans ambition, je ne fuis plus fait pour attirer
les regards de l'envie ; je fais fervir mes
mains défaillantes, aidées de celles de
ma fille, aux travaux dont dépendent
fa fubfiftance & la mienne ; tranquilles tous deux, fans envie, fans
remords, tâchant de faire le bien & de
fupporter l'infortune avec courage, heureux dans l'indigence, je tâche de con-
facrer à l'éternel les triftes reftes d'une
vie languiffante, facrifiée dans fa fleur

pour défendre les droits & les intérêts de ceux qui m'ont trahi, & réduit dans la mifere; je ne leur en veux pas, au contraire je leur pardonne, quoiqu'ils aient encore regardé comme une grâce de me laiffer la vie; peut-être avoient-ils quelques fujets de fe plaindre de moi; mais fi je leur ai fait du mal, j'ai le ciel pour témoin que mon cœur ne le vouloit pas; c'eft à coup fûr, en voulant leur faire du bien; le malheur eft que les hommes ne peuvent pas lire dans les cœurs. J'efpérois un autre terme à mes travaux. Je n'aurois jamais penfé qu'après avoir moiffonné des lauriers dans le champ de la victoire, mes derniers jours feroient avilis par un exil que je ne crois pas avoir mérité.

Mais hélas! les hommes font fi faciles à fe tromper & à être trompés, qu'on doit plaindre plutôt que blâmer, un prince dont on furprend la religion; je ne peux m'imaginer qu'un bon roi puiffe faire du mal à un fidele fujet, s'il ne le croyoit pas un acte de juftice. Il

est quelquefois dangereux d'être trop
intégre dans sa conduite ; mais il ne
faut pas que la crainte de l'injustice des
hommes porte ombrage au mérite ; rien
ne peut exempter d'être sujet fidele, bon
citoyen, ami zélé, & sur-tout d'être vertueux. L'on doit peu craindre l'inimitié
ou la haine quand on a tout fait pour
ne pas se les attirer ; il ne doit y avoir
d'autre but en faisant le bien que le
plaisir de le pratiquer : il ne faut pas en attendre ici bas d'autre récompense, ce
feroit vouloir se tromper soi - même.
« Celui qui se dévoue au service de son
» prince, ou de sa patrie, doit les suppo-
» ser insolvables ; car ce qu'il expose, &
» ce qu'il sacrifie pour eux, n'a point de
» prix ; il doit même s'attendre à les trou-
» ver ingrats ». Ainsi, la générosité seule
doit être l'ame de ce sacrifice, qui seroit
insensé, si cette vertu n'en étoit le fondement & la base. La récompense de la
vertu est indépendante des caprices des
hommes, & du discernement d'un souverain : la faire dépendre d'eux, c'est

l'avilir. Malgré tout ce que j'ai éprouvé de l'injuftice des hommes, ce que j'ai fait pour eux, je le ferois encore; la raifon eft qu'ils ont pû me dépouiller de mes biens, de mes honneurs, de mon crédit, mais qu'ils n'ont pu changer ma façon de penfer; car j'ai toujours eu cette vérité gravée dans mon cœur, que le premier devoir d'un fujet eft d'être généreux, comme celui d'un fouverain d'être jufte & bon.

D'Arvigni & Luffan furent tranfportés d'admiration en attendant ainfi parler Philémon; au noble défintéreffement qu'il annonçoit ils ne douterent plus que ce ne fût quelque mortel difgrâcié par le fort ou trahi de la fortune. Tous les deux au même inftant voulurent lui rendre hommage comme à un héros. Eft-ce ainfi, dit d'Arvigni, qu'on récompenfe les fervices à la cour des rois?

Ah! ne parlez point des fouverains, répartit Philémon, leur fort eft plus à craindre qu'à defirer; on doit les plaindre & ne pas envier leur couronne.

Croyez-vous qu'un monarque qui ne feroit pas trompé par de vils flatteurs, pourroit jamais fe réfoudre à la perte d'un ferviteur fidele qui auroit verfé fon fang pour étendre les bornes de fon empire, ou pour en défendre les murailles ; ah ! gardez-vous de le croire ? Juftinien, inftruit de la perfidie des envieux de Bélifaire, fut honteux d'avoir pu confentir à fon fupplice ; il ne fe pardonna pas cette faute, qui étoit plutôt un fruit de la féduction qu'un vice de fon cœur. Aujourd'hui un roi feroit inconfolable s'il favoit qu'un fujet qui auroit arrofé les champs de bataille de fon fang, qui auroit vu la terre teinte du fang de fes deux fils tués à fes côtés en commandant une armée victorieufe ; il feroit, dis-je, au défefpoir, s'il le favoit manquant de tout, forcé de travailler dans une extrême vieilleffe, en but aux injures de l'air, en proie à la mifere, & expofé à périr par la faim : mais l'on m'a laiffé du pain, & cela me fuffit. Pourroit-il voir fans répandre des larmes, l'opprobre & la misere suivre les triomphes de la victoire ? Que ne diroit-il pas, en appercevant autour de lui, ces vils courtisans, ennemis déclarés du vrai mérite, qui se font une étude cruelle de rendre odieux les services les plus fidélement rendus ? de quelle indignation son ame ne seroit-elle pas atteinte, s'il voyoit la perfidie habiter dans son palais, couvrir les meilleures actions de son manteau sanglant, lui faire prendre les vertus pour des crimes, la calomnie assiéger son trône, sa religion sans cesse exposée à être surprise par ces lâches subalternes, dont les conseils pernicieux ternissent souvent l'éclat d'une couronne, & flétrissent la mémoire d'un grand prince ? Voilà cependant à quoi les souverains font tous exposés. Ils commettent souvent des injustices sans le vouloir ; pour moi je m'imagine qu'il est bien plus flatteur pour eux de répandre des faveurs, que d'exercer des actes de sévérité. Si mon prince n'avoit pas été trompé, il ne m'eût pas ôté sa confiance,

dépouillé

dépouillé de mes biens, & ne m'eût jamais privé de ses bienfaits; il n'eût pas regardé comme une grâce de me laisser une vie, dont je n'aime à jouir encore que pour former plus long-tems des vœux pour sa personne & la prospérité de son empire. Voilà, comme tout bon citoyen doit penser, même au milieu de ses disgrâces.

Quant à ce que vous daignez m'offrir, je rends grâces, mes amis, à votre générosité; je ne suis pas encore réduit à la honte de mendier ma subsistance. Le ciel qui lit dans mon cœur, est plus juste que les hommes, il n'abandonne jamais ceux qui mettent leur espérance en lui, & qui en font dépendre leur bonheur. Henreux dans ma misere, je vis plus content que lorsque j'en possédois davantage.

D'Arvigni ne pouvant assez admirer la grandeur d'ame de Philémon, qui lui donnoit par ses discours la plus haute idée de sa personne & de sa naissance, lui repartit en l'embrassant : vertueux

vieillard , que ne sommes-nous assez
heureux pour jouir toujours de votre
présence ! Nous puiserions près de
vous les leçons que l'expérience & la
vertu peuvent donner. Hélas ! pourquoi dédaignez-vous les foibles secours
que nous osons vous offrir ? si vous re-
jettez ceux de notre fortune, au moins
accordez-nous ceux que vous pouvez
donner à notre jeunesse : nous sommes
encore jeunes, nous faisons les premiers
pas dans le monde ; il semble nous
ouvrir déja la carriere de ses honneurs : jeunes, sans expérience, n'ayant
pour tout mérite que la bonne volonté,
mon ami & moi, craignons d'y échouer.
Nous ignorons encore la route qui conduit au véritable bonheur ; nous n'avons
qu'une foible idée de la vertu & du vrai
mérite : il y a tant de sentiers tortueux
dans le monde , où il est presque impossible de ne pas s'égarer, que nous
voudrions connoître celui qui mene à
la véritable grandeur. Daignez nous en
frayer la route ; à l'école d'un héros ,

le cœur s'anime & s'enflamme, il ne
soupire qu'après la gloire & la vertu :
sous les auspices d'un dieu, les mortels
sur la terre, marchent avec assurance ;
conduit par un pilote habile, le naufrage est bien moins à craindre ? Si
vous daignez nous accorder vos leçons,
& éclairer nos cœurs du flambleau lumineux de la vertu que vous connoissez
si bien, nous sentirons toutes les délices
d'un tel avantage : nous nous mettons
sous votre conduite ; si vous ne voulez
pas nous accompagner permettez-nous
au moins de vous suivre.

Allez, mes enfans, repartit Philémon,
mes conseils ne peuvent pas vous être
de grande utilité : un pauvre vieillard
déja courbé sous le faix des ans, ne peut
guère contenter vos desirs. Comment
espérer qu'un esprit affoibli puisse donner des principes raisonnés de morale ?
Il ne doit pas espérer de pouvoir former
des cœurs ; tout ce qu'il peut faire,
est de les animer & de les encourager
lorsqu'ils sont naturellement vertueux.

N'attendez pas autre chofe de moi ; je
ferai tout ce qui en dépendra pour
vous contenter ; car, j'avoue que votre
fincérité me touche fenfiblement. J'aurai
quelque fatisfaction à vous connoître plus
amplement ; fi je peux vous fervir, je ne
balancerai pas, car j'aime à faire le bien,
pour le plaifir feul de le faire : fur-tout,
ne m'offrez rien. Si vos cœurs font vertueux , mes entretiens pourront vous
plaire ; fi vous ne l'êtes pas , ma morale
vous déplaira : je vous avertis d'avance
que je ne parle jamais que d'après mon
cœur. Je vous ferai part des leçons que
m'ont données l'expérience , & quarante
ans de travaux paffés dans les revers, la
profpérité, l'infortune & la médiocrité.
Si cela vous eft agréable , trouvez-vous
demain à la même heure, ou plutôt le
matin, dans ce verger voifin , j'y vien-
drai avec ma fille pour travailler à notre
ordinaire : pendant qu'elle s'occupera à
cueillir des fruits , nous nous entretien-
drons enfemble. Vôtre rencontre , qui
m'avoit d'abord effrayé , eft une confo-

lation nouvelle pour mon ame ; je peux donc encore me livrer à la joie ! non, non, la bienfaisance, l'humanité, ne font pas éteintes dans tous les cœurs.

Ils convinrent de se trouver le lendemain matin au rendez-vous, & se séparerent : chacun reprit son chemin, & Philémon en regagnant sa chaumiere béniſſoit le Ciel. La vertu, diſoit-il, a donc encore des partiſans ? C'est le plus ſenſible plaiſir que je puiſſe goûter dans mon malheur. En diſant ces mots, il apperçut ſa fille qui venoit au-devant de lui, & se hâta de la rejoindre.

CHAPITRE VII.

LE lendemain matin, Luſſan & d'Arvigni ſe rendirent au lever du ſoleil, à l'endroit où Philémon devoit venir les trouver, Comme ils étoient en chemin, ils s'entretenoient ſur l'état fâcheux où ils avoient trouvé le bon Philémon. Je ne doute pas, dît Luſſan, que ce vieillard, ſi obſtiné à nous cacher ſon nom & ſa naiſſance, ne ſoit quelque perſonnage illuſtre : mais ce qui me ſurprend en lui, c'eſt la fermeté avec laquelle il ſupporte ſon malheur : ſa démarche, ſes traits, ſes diſcours, ſon déſintéreſſement, tout dévoile en lui les vertus d'un grand homme. C'eſt probablement, un homme autrefois puiſſant, déchu de ſa fortune, réduit à l'indigence, pour avoir voulu faire le bien, même aux dépens de ſes intérêts. Sa fille porte une figure auſſi noble & auſſi intéreſſante que les ſen-

timens de son pere sont grands & sublimes. Autrefois j'eus un oncle qui mourut
ainsi oublié, après avoir long-tems lan-
gui dans la misere: il ne démentit pas non
plus ses sentimens, il fut le même jusqu'à sa mort; modeste dans sa fortune,
il fut grand dans la pauvreté. Son front,
comme celui de ce bon vieillard, étoit
marqué du sceau respectable de l'héroïsme & de la grandeur. Le portrait que
j'en ai entendu faire, & l'image de cet
homme généreux, me le font regretter
encore. Non, je ne puis croire que de
tels sentimens soient ceux d'un homme
ordinaire : son ame est trop élevée,
pour que sa naissance la démente. A
l'exemple de mon oncle... mais que dis-je?
Les grands cœurs n'ont pas besoin d'être
excités par l'exemple pour aimer ce qui
est honnête; il aura donc voulu suivre
le penchant de son cœur vertueux, il
aura voulu le suivre pour faire le bien,
qui, toujours ne s'accorde pas avec les
intérêts de tout le monde, & il en aura
été victime. C'est l'ordinaire, il ne faut

pas en être surpris ; la droiture d'un homme de cour porte ombrage aux courtisans. Sa bonne foi, son intégrité est nuisible à leurs intérêts ; en faut-il davantage pour renverser le minis-tre le plus éclairé, le général le plus habile & le plus accrédité, du sommet des honneurs, dans un état d'oubli & d'avilissement ? Il est encore heureux d'avoir sa personne en sûreté ; c'est-à-dire, si sa conduite équitable ne lui donne pas des fers. La sourde & adroite politique ne s'amuse point à considérer les suites de ses opérations ; rien ne l'arrête dans ses projets, le moment est ce qu'elle considere ; elle frappe avec une tranquillité barbare les coups les plus sanglans ; les crimes les plus atroces se trouvent commis, & l'on ignore la main qui a porté les coups. O rois, que vous êtes à plaindre, d'être obligés d'ali-menter cette cruelle Mégere ! Les ser-pens de l'envie, & la voix criminelle de la calomnie, sifflent sans cesse aux oreilles du monarque ; il ne parvient quelquefois à s'en débarrasser qu'en cédant malgré lui à leurs importunités.

Un homme en place propose-t-il quelque chose d'utile à sa patrie ? il faut d'abord qu'il examine si ce qu'il propose ne compromet pas les vues ambitieuses de quelques particuliers accrédités dont il pourroit être la victime.

Chez toutes les nations, à la cour des rois, comme chez les Républicains, il y a toujours eu des ames mercenaires, des cœurs bas & rampans. L'antiquité en fournit des exemples chez les Romains, chez les Perses, chez les Athéniens ; l'énumération des autres peuples seroit trop longue à faire. La décadence de l'Empire Romain fut un fruit de l'ambition ; celle des Perses, du luxe ; celle de Carthage, de la débauche : mais presque toutes les nations ne reçoivent de choc considérable, que lorsqu'une fois il n'y a plus de mœurs, plus de frein, plus de loix, & que tout devient vénal : tant que la loi est en vigueur, le bon

ordre se maintient, & le peuple est heureux, ainsi que ceux qui le gouvernent.

En lisant l'histoire des anciens peuples j'ai cru découvrir que le venin
le plus dangereux & le plus à craindre,
étoit ces sortes de sociétés dévorées
par une ambition démesurée, qui se
déclarent autant de sangsues publiques,
qui se font une occupation de vouloir
tout culbuter, & répandre un vernis
odieux sur tout ce qui ne s'accorde pas
avec leur cupidité. Ce sont ces sortes
de gens que l'on doit redouter ; ce sont
eux qui causent la perte des empires ;
& non pas un homme bien intentionné,
qui souvent ne fait pas tout le bien qu'il
voudroit faire, par la crainte de s'attirer la haine de quelques factieux puis-
sans, dont les intérêts ne s'accommodent
pas avec ceux du peuple. Le bien public
leur est insupportable, ils voudroient
pour ainsi dire, tirer du sang des malheureux de quoi subvenir à leur luxe :
l'homme de bien tremble devant eux.
Est-il rien de plus affreux que ces tems

malheureux dont l'histoire nous rappelle le souvenir ? Les guerres civiles qui ont allumé tant de feux dans la France, n'étoient-elles pas le fruit de l'ambition couverte du manteau sanglant du fanatisme ?

S'il est dangereux de dire la vérité aux princes, il faut avouer qu'ils sont bien à plaindre. Eh quoi ! l'on ne peut sans danger se montrer vertueux & sensible devant eux, sans être bientôt soupçonné de quelque intrigue ? Que l'on doit plaindre le sort des gens en place ! on ne voit que le brillant de leur état; mais, l'on ne se figure pas les ronces & les épines qui sont cachées sous les roses ; l'on ne s'imagine pas qu'ils ont un lourd fardeau à soulever. Eh ! n'est-ce donc rien à conduire que la machine immense d'un état ? en fait on mouvoir les ressorts à son gré ? peut-on en réparer les ruines en un seul instant ? Le tems ne les a pas causées en un jour ; donc, il faut du tems pour rétablir l'ordre qui doit y regner ; mais on parvient difficilement à faire comprendre cette vérité au peuple que la misere accable.

Les empires ne se succéderoient pas si promptement les uns aux autres, un royaume ne parviendroit point à en envahir un autre, si l'on avoit soin de conserver tout dans l'ordre. Dès qu'une fois tout devient le prix de l'intrigue ou de la faveur, on ne doit plus s'étonner du déluge de maux qui vient fondre sur un empire. Dès que tout fut vénal à Rome, on ne douta plus de sa décadence prochaine. Si les lauriers ne sont plus pour celui qui les a moissonnés ; comment espérer trouver encore des hommes jaloux de la gloire ? Si, dis-je, la couronne réservée à la vertu & au mérite, est prostituée à la cabale de la mauvaise foi, quels atheletes trouvera-t-on pour se la disputer ? Voilà ce qui retrécit le génie & ce qui rallentit l'émulation. Où cesse l'émulation, il ne se forme plus de grands hommes. Delà suit, par une conséquence nécessaire, la perte d'un état, où les grands ressorts

qui font mouvoir fes membres, ne font
plus en vigueur : en effet, fans l'ambition des grands, la perfidie des flatteurs,
toujours en trop grand nombre dans le
palais des fouverains, l'avarice des gens
en place, la mauvaife foi des juges qui
fe laiffent corrompre, ou qui vendent
le bon droit à la faveur ou à la naiffance, & la noirceur des cabales ; toutes
les nations feroient heureufes & florif-
fantes ; tout feroit dans l'ordre, chacun
feroit content ; le monarque feroit adoré,
ceux qui l'entourent refpectés ; en un
mot, chacun connoîtroit le bonheur,
le particulier auffi bien que l'homme
d'état.

Tandis que Luffan parloit ainfi, d'Arvigni qui examinoit de tems en tems,
s'il n'appercevoit pas Philémon, le vit
venir avec fa fille. Ils allerent tous deux
au-devant du vieillard, afin de lui rendre hommage & de jouir plutôt de fa
converfation ; en l'abordant, ils lui
demanderent la permiffion de l'embraffer.

Philémon surpris de leur exactitude & de l'enthousiasme où ils étoient, après avoir satisfait à leurs innocens desirs, leur demanda ce qui pouvoit leur inspirer un intérêt si vif en sa faveur ? Je ne vous suis pas connu, leur dit-il, en marchant avec eux. D'Arvigni à l'instant reprenant la parole, vos vertus vous font connoître, repliqua-t-il. Plût au ciel qu'on ne connût les hommes qu'à de pareils indices ! Puis poursuivant : nous ne pouvons concevoir ce qui peut vous avoir réduit dans cette indigence extrême : nous désirons pouvoir vous en tirer.

Je vous ai déjà dit, repartit Philémon, que j'étois content de ma fortune, & que vous me désobligeriez de m'offrir des secours dont je n'ai pas besoin. Croyez-vous, mes amis, que ce soient les richesses & l'abondance qui contribuent beaucoup au bonheur ? Si vous le pensez ; pour moi je pense tout autrement : elles n'en sont que le phantôme & en éclipsent la réalité. Voulez-vous être heureux ? aimez le bien, pratiquez la vertu,

foyez bons, humains & bienfaifans, alors
vous ferez véritablement heureux. Voulez-vous connoître la vraie félicité, avoir
une idée de la véritable grandeur ? foyez
fages, aimez votre prince, dévouez-vous
tout entiers à fon fervice ; ne briguez
point les honneurs, fachez ufer de la
fortune ; foyez droits, amis de la vérité,
jaloux de l'eftime des honnêtes gens,
aimez la modeftie, cherchez la compagnie des hommes vertueux ; fuyez l'avarice, la cupidité, craignez la volupté,
la molleffe, la diffolution, la débauche
& l'oifiveté, fource intariffable de tous
les crimes : n'ouvrez jamais vos cœurs au
defir infatiable des richeffes ; ayez des
mœurs, de la religion fur-tout, car
fans religion, les hommes ne connoiffent aucun frein, ils fe livrent à toutes
fortes d'excès ; ne foyez point ambitieux,
c'eft un piége où vont tomber la plupart des hommes. L'ambition corrompt
les mœurs, la fortune les altere, l'appât
de l'or détruit le motif d'une ambition
honnête : quand il eft l'aliment du cœu-

rage , il le déshonore par de honteux excès. De toutes ces chofes ; dépendent la folide gloire , la véritable grandeur ; la vertu y eft renfermée , & le bonheur qui doit en être la récompenfe. Il ne s'agit que de bien développer ces fortes d'idées & de les envifager fous leurs véritables points de vue.

Avant d'échauffer davantage l'entretien , ils gagnerent le verger de Philémon ; Bélinde les quitta pour aller s'occuper , & laiffa fon pere avec d'Arvigni & Luffan , qui furent s'affeoir fous un berceau de pommiers. D'Arvigni l'interrogea d'abord fur une des chofes qu'il a voit mifes au nombre des vertus qui conduifent au bonheur. L'amour du prince & le dévouement à fa perfonne font-ils des qualités effentielles à la félicité , lui demanda-t-il ? Je ne crois pas que le bonheur d'un homme puiffe dépendre de l'amour ou de l'indifférence qu'il peut avoir pour fon prince ; cet amour n'étant fouvent qu'un fruit de l'intérêt ou de 'ambition.

Un gentilhomme par exemple, qui n'est point brûlé par la passion de la gloire, qui est né avec une fortune suffisante pour vivre indépendant des caprices d'un souverain, est-il obligé de lui sacrifier le repos dont il peut jouir parmi ses vassaux, auxquels il tient souvent lieu de roi ? S'il est sans ambition, son amour pour son prince est-il dépendant d'un sacrifice nuisible à ses intérêts ? Le roi même dont-il est sujet, a-t-il le droit de l'arracher des bras de sa famille, s'il le trouve nécessaire à son service, soit à la tête de ses armées, soit pour l'aider à diriger ses états ? Pour moi, il me semble que la tranquillité est l'ame principale du bonheur de cette vie, & que la ravir à celui qui en jouit, pour le mettre dans le tracas des affaires, c'est véritablement lui ôter les moyens d'y parvenir : en effet, ne peut-on pas aimer son prince, chérir sa patrie, s'intéresser aux événemens qui regardent l'un & l'autre, sans aller soi-même s'embarrasser dans un tourbillon dont

les effets font fujets à être nuifibles ?
Je fuis né avec une fortune honnête,
je n'en exige pas davantage : ainfi, qu'ai-je
befoin d'aller paffer ma jeuneffe à ramper
dans une cour, ou l'expofer fur un
champ de bataille : croyez-vous, bon
vieillard, que les princes tiennent compte
du fang que l'on verfe pour eux ? Une
campagne couverte de cadavres les
attendrit quelquefois lorfqu'ils en ont le
terrible fpectacle ; mais les larmes qu'ils
verfent, s'ils en verfent, dédommagent-
elles une veuve de fon époux, une mere
de fon fils, une fille de fon amant,
l'ami de fon ami, le frere de fon frere,
des enfans de la perte de leur pere ? Les
pleurs que répandit Xercès, en voyant
la défaite de fon armée compofée de
tant de milliers d'hommes, réparerent-
ils fon imprudence ? Je crois qu'il
vaut beaucoup mieux vivre tranquillement dans une province, avec fa famille,
que de chercher des lauriers fi dangereux à moiffonner. D'ailleurs quelle récompenfe à efpérer de fes travaux ? En

vous voyant, vieillard généreux, que doit attendre un homme moins ferme & moins courageux ? Qu'espérer en voyant la vertu ainsi récompensée ?

Vous êtes jeune, mon ami, je le vois bien, & vos discours m'en convainquent; j'excuse votre jeunesse, vous êtes, comme vous dites fort bien, sans expérience : vous n'avez que de faux principes ; mais, votre esprit bouillant est susceptible d'être éclairé : pour y parvenir je ne veux vous faire qu'une demande ; l'explication de votre raisonnement sera ma réponse. D'où tenez-vous votre fortune, votre nom, votre noblesse, vos titres ; en un mot, tout ce que vous alléguez pour vous dispenser de vous rendre utile à votre patrie, en vous rangeant sous les étendarts du prince ? Répondez-moi, & je vous suis. *De mes ancêtres*, répondit d'Arvigni. Voilà où je vous attendois : raisonnons à présent, & vous reconnoîtrez sans peine la fausseté de votre raisonnement. Qu'étoient vos ayeux avant d'être nobles ? car personne ne

peut diſconvenir que la nobleſſe n'eſt
pas une qualité de toute éternité dans
une famille : elle a ſon commencement,
& elle peut avoir ſa fin : vos ayeux
étoient donc dans le principe des hommes
ordinaires , qui ſe ſont diſtingués par
leurs vertus , par leur courage , ou par
des connoiſſances étendues qui ont atti-
ré ſur eux les regards de la multitude ,
& fixé l'attention du prince : delà vient
votre nobleſſe , comme celle des autres
hommes infatués de ce titre , & qui
font vœu d'être utiles ou nuiſibles à
la claſſe qui eſt inférieure à eux. Un
homme , quel qu'il ſoit , a-t-il le droit
d'être inutile ? Non ſans doute, & cela
eſt moins permis à la nobleſſe , qu'à tout
autre. Vos ancêtres ont été vertueux ;
vous devez l'être ; ils ont été généreux,
ils ont défendu les intérêts du prince
& de la patrie , à leur exemple vous
devez les ſervir. Croyez-vous donc que
la nobleſſe & la fortune qui ont cou-
ronné leurs ſervices , & qui vous ſont
tranſmiſes, vous exemptent de les imiter?

Que pouvez-vous efpérer davantage : vous avez tout ce que les hommes ordinaires défirent. En vous rendant inutile, ne vous mettez-vous pas dans le cas que la patrie vous demande compte des bienfaits que vous tenez d'elle. Vous prétendez qu'on peut fe difpenfer de chercher la gloire : on peut aimer la gloire, fans être ambitieux, & c'eft-là la folide. Vous alléguez qu'il vaut mieux vivre ignoré au fein de fa famille, parmi fes vaffaux : cela eft permis, mais c'eft après avoir fourni fa carriere : ne vous y trompez pas, mon ami, vous devez compte de votre perfonne à la patrie, c'eft d'elle que vous tenez vos biens & vos titres : ce feroit être injufte & ingrat envers elle, que de ne pas la fervir, & vos fervices doivent être le fruit du défintéreffement. Si vous en exigez la récompenfe vous perdez tout le fruit de votre facrifice. *Il faut, ou fe donner, ou fe vendre, il n'y a pas de milieu.* Soyez donc convaincu que rien ne vous difpenfe des devoirs de

citoyen & de sujet fidèle ; plus votre rang
est distingué & plus votre famille est
illustre, plus vous devez de dévouement
au prince. Votre fortune doit vous aider
dans l'occasion à défendre ses intérêts ;
votre attachement à sa personne & votre
amour pour votre patrie seront pour
votre ame, si vous êtes généreux, une
source de bonheur, sans néanmoins le
constituer tout-à-fait, mais ils y con-
tribueront. Quant à moi, je n'ai jamais
été plus content que lorsque j'affrontois
la mort pour défendre ma vie, celle de
mon roi & celle de mes concitoyens.

Ce raisonnement est juste & con-
cluant, repartit d'Arvigni ; j'avoue que
je croyois qu'on pouvoit se dispenser de
toutes ces choses, ne croyant pas que
les enfans héritoient des dettes de leurs
peres. Il est des obligations héréditaires,
reprit Philémon, & la fortune que vous
transmettent vos ayeux en est la chaîne la
plus étroite : mais ne pourroit-on pas
remplir la même obligation sans courir
tant de dangers ? Par exemple, en con-

tribuant au bonheur de ses vassaux : qui se rend utile aux membres, l'est en même-tems au chef.

Cela est vrai, reprit Philémon, mais la premiere loi est d'obéir au chef, qui veille sur les membres : la volonté du prince ne connoît point d'acception, c'est lorsqu'on y a satisfait qu'il est permis de s'occuper de ses intérêts personnels. A Lacédémone & à Rome, tous les hommes étoient soldats ; aucun ne se croyoit dispensé de l'être : le héros maltraité par ses concitoyens, ne se croyoit pas exempt pour cela de marcher à leur tête, lorsqu'on avoit recours à lui. C'est le comble du grand homme de défendre de nouveau les ingrats qu'il a faits, & ce doit être votre façon de penser. Avant de finir cet entretien, Lussan crut devoir demander au héros la véritable idée que l'on doit avoir du mot d'honneur. Philémon répondit ainsi à la question.

» Il faut distinguer avec soin l'hon-
» neur réel de l'honneur apparent. Exa-
» minez un peu ce qu'il peut y avoir de

» commun entre la gloire d'égorger
» un homme & le témoignage d'une
» ame droite, & quelle prise peut avoir
» la vaine opinion d'autrui sur l'honneur
» véritable, dont toutes les racines sont
» au fond du cœur. Quoi ! les vertus
» dont le cœur est le sanctuaire, périf-
» sent-elles sous les mensonges d'un ca-
» lomniateur ? Les injures d'un homme
» ivre prouvent-elles qu'on les mérite ?
» & l'honneur du sage seroit-il à la merci
» du premier brutal qu'il peut rencon-
» trer ? N'allez pas vous imaginer qu'un
» duel soit toujours une preuve qu'on
» a du cœur : cela pourroit-il suffire pour
» effacer la honte ou le reproche de
» tous les autres vices ? Les discours d'un
» menteur peuvent-ils devenir des véri-
» tés, si-tôt qu'ils sont soutenus à la
» pointe de l'épée ? Si l'on vous accu-
» soit d'avoir tué un homme, croyez-
» vous qu'il faudroit en aller tuer un
» second pour prouver que cela n'est
» pas vrai ? Suivant cet affreux système,
» la vertu, le vice, l'honneur, l'infamie,

la

» la vérité, le mensonge, tout en un
» mot, pourroit tirer son être de l'évé-
» nement d'un combat. Pourriez-vous
» supposer une salle d'escrime, le siége
» de toute justice ? Suivant l'opinion
» malheureuse d'une infinité d'hommes,
» il n'y a d'autres droits que la force,
» d'autre raison que le meurtre ; toute
» la réparation dûe à ceux qu'on outrage,
» est de les tuer, & toute offense est éga-
» lement bien lavée dans le sang de
» l'offenseur ou de l'offensé. Convenez
» que si les loups savoient raisonner,
» ils n'auroient pas d'autres maximes.

» Est-il jamais possible d'anéantir, d'é-
» touffer la vérité avec celui que l'on veut
» punir de l'avoir dite ? Soyez convaincus
» qu'en vous soumettant au sort d'un duel,
» vous appellez le ciel en témoignage
» d'une fausseté, & que votre témérité
» sacrilége va jusqu'au point de dire à
» l'Eternel, à celui qui est l'arbitre des
» combats ; viens, quitte le séjour de ta
» gloire, descends de ton trône pour
» soutenir la cause injuste & faire triom-

G

» pher le mensonge. Cet horrible blas-
» phême vous frappe, vous étonne,
» vous épouvante : cette absurdité vous
» révolte. Eh Dieu ! quel est ce miséra-
» ble honneur qui ne craint pas le vice,
» mais le reproche, & qui ne permet
» pas d'endurer d'un autre un démenti
» reçu d'avance dans le cœur ? Avez-vous
» jamais entendu dire que l'on vit un
» seul appel sur la terre, quand elle
» étoit couverte de héros ? les plus vail-
» lans hommes de l'antiquité songe-
» rent-ils jamais à venger leurs injures
» personnelles par des combats particu-
» liers ? César envoya-t-il un cartel à
» Caton, ou Pompée à César, pour
» tant d'affronts réciproques ? & le plus
» grand Capitaine de la Grèce fut-il
» déshonoré pour s'être laissé menacer
» du bâton ? D'autres tems, d'autres
» mœurs, me direz-vous : je le sais ; mais
» n'y en a-t-il que de bonnes ? Et n'ose-
» roit-on s'enquérir si les mœurs d'un
» tems sont celles qu'exige le solide hon-
» neur ? Non, cet honneur n'est point

» variable, il ne dépend ni des tems,
» ni des lieux, ni des préjugés ; il ne
» peut, ni paſſer, ni renaître ; il a ſa
» ſource éternelle dans le cœur de
» l'homme juſte & dans la regle inalté-
» rable de ſes devoirs.

 » Si les peuples les plus éclairés, les
» plus braves, les plus vertueux de la
» terre, n'ont point connu le duel, je
» dis qu'il n'eſt point une inſtitution
» de l'honneur, mais une mode affreuſe
» & barbare, digne de ſa féroce origine.
» Mais, me demanderez-vous, quand il
» s'agit de ſa vie, où de celle d'autrui, un
» honnête homme doit-il ſe régler ſur
» la mode : doit-il la braver ou la ſuivre ?
» Comment s'y aſſervir dans des lieux
» où regne un uſage contraire ? A Meſſine
» ou à Naples, un furieux, un cerveau
» exalté par une inſulte imaginaire,
» iroit attendre ſon homme au coin
» d'une rue & le poignarder par derriere ;
» voilà ce qu'on appelle être brave en
» ce pays-là : l'honneur n'y conſiſte pas
» à ſe faire tuer par ſon ennemi, mais à
» le tuer lui-même.   G ij

» Gardez-vous de confondre le nom
» facré de vertu avec ce préjugé féroce
» qui met toutes les vertus à la pointe
» d'une épée, & n'eft propre qu'à faire
» des fcélérats. Des hommes avides de
» fang diront que cette affreufe méthode
» fert de fupplément à la vérité : mau-
» vais raifonnement ; par-tout où la
» probité regne, fon fupplément n'eft-
» il pas inutile ? Que penfer de celui qui
» s'expofe à la mort pour s'exempter
» d'être honnête homme ? N'eft-il pas
» évident que les crimes que la honte
» & l'honneur n'ont point empêchés,
» font couverts & multipliés par la fauffe
» honte & la crainte du blâme ? C'eft
» elle qui rend l'homme hypocrite &
» menteur ; c'eft elle qui lui fait verfer
» le fang d'un ami pour un mot indif-
» cret qu'il devroit oublier, pour un re-
» proche mérité qu'il ne peut fouffrir.
» C'eft elle qui transforme en furie in-
» fernale une fille abufée & craintive » ?
C'eft elle, ô dieu puiffant ! qui peut
armer la main maternelle contre le tendre

fruit.... Je sens mes cheveux se dresser, mon sang se glace dans mes veines, une horreur au-dessus de l'horreur même me fait frissonner à cette idée cruelle..... Je me repens d'avoir osé citer un exemple qui devroit être inconnu dans la nature entiere. Ah ! mes amis, permettez-moi de féliciter ma vieillesse & de rendre grâces à l'éternel d'avoir éloigné de mon cœur cet honneur affreux, qui n'inspire que des forfaits & fait frémir la nature.

« Ne croyez donc pas qu'il soit jamais
» permis d'attaquer de propos délibéré
» la vie d'un homme, ni d'exposer la
» vôtre pour vous soumettre à des pré-
» jugés cruels, à des bienséances bar-
» bares qui n'ont nul fondement rai-
» sonnable, & contre lesquelles la nature
» se récrie. Le lugubre souvenir du sang
» d'un ami répandu sur la terre, peut-il
» cesser de crier vengeance dans le cœur
» de celui qui l'a fait couler ? les images
» les plus funebres ne doivent-elles pas
» allarmer son sommeil ; ou plutôt,

» peut-il jamais se livrer à ses douceurs ?
» Non, mes amis, il n'est point de crime
» égal à l'homicide volontaire ; & si la
» base de toutes les vertus est l'huma-
» nité, que pouvez-vous penser de
» l'homme sanguinaire & dépravé qui
» l'ose attaquer dans la vie de son sem-
» blable ? Souvenez-vous que le citoyen
» doit compte de sa vie à sa patrie, &
» qu'il n'a pas le droit d'en disposer sans
» le congé des loix, à plus forte raison
» contre leur défense : ayez une vérita-
» ble idée de la vertu & de l'honneur ;
» faites en sorte que le mot de vertu,
» ne soit pas pour vous un vain nom,
» connoissez-la pour la pratiquer, &
» sachez lui faire de généreux sacrifices ;
» vous en serez toujours récompensés
» après les avoir faits (1) ».

------

(1) J'ai trouvé ce morceau sur le duel si bien
traité, que je n'ai pu m'empêcher d'en faire un
larcin à M. Rousseau de Genève. Ce Philosophe
généreux voudra bien me le pardonner, d'autant
plus que je ne prétends point m'en faire honneur.
Il est aisé de voir, par ce que cet homme célèbre

L'heure du dîné étoit paſſée, Bélinde qui s'étoit éloignée de ſon pere pendant cet entretien, vint le rejoindre pour l'engager à reprendre le chemin de ſa cabane : elle accourut à lui avec des fruits qu'elle venoit de cueillir ; elle ſalua Luſſan & d'Arvigni : tous deux charmés de la grandeur d'ame & de la généroſité de Philémon, ils voulurent l'accompagner & être les témoins de ſon repas frugal.

---

dit ſur le duel, combien le préjugé qui ſemble l'autoriſer, au mépris des loix, eſt abſurde & abuſif : le Philoſophe Génevois montre clairement que ce mot d'honneur qui rend les hommes barbares, n'eſt qu'un mot pallié pour ſervir de prétexte à des crimes dont les loix devroient tirer vengeance. Mais il eſt des abus que l'on ne ſauroit empêcher ; c'eſt à ce coin que l'on reconnoît toute l'étendue de la ſottiſe humaine. Quoique ce morceau ne m'appartienne pas, j'y ai cependant fait des changemens aſſez conſidérables, afin de mieux l'adapter à mon ſujet & à l'entretien de mon héros avec ſes deux éleves.

CHAPITRE VIII.

Lussan & d'Arvigni qui ne connoiſſoient qu'imparfaitement la pauvreté, furent fort ſurpris en entrant ſous la chaumiere de Philémon. Les meubles ne ſont pas ſomptueux ici, leur dit-il, ce ſont ceux de la pauvreté. Comme il n'avoit qu'un banc, il l'offrit à ces jeunes gens qui ne voulurent pas l'accepter. D'Arvigni avoit beau promener ſes regards à l'aventure, il ne voyoit que de pauvres lambris ; mais ce qui l'étonnoit davantage, c'étoit de voir la propreté qui regnoit dans cette pauvre cabane. N'y voyant point de lit, il demanda à Philémon où il repoſoit ; car il avoit peine à s'imaginer qu'on pût ſubſiſter ainſi. Quelle fut ſa ſurpriſe ! en voyant derriere un rideau en lambeaux, quelques planches couvertes de paille. C'eſt donc là où repoſe un mortel vertueux, dit-il, laiſſant échapper des larmes ! C'eſt ainſi que mourut mon oncle, repartit Luſſan, ſans que mon pere ait pu lui procurer aucun ſecours, n'ayant jamais découvert l'aſyle où il s'étoit retiré.

Pendant qu'ils parloient enſemble, Philémon & ſa fille, mangeoient quelques fruits de la ſaiſon avec du lait.

Comment pouvez-vous vivre ainſi, lui demanda Luſſan ? Comment vit-on à la guerre ou dans un camp, quand les vivres viennent à manquer, répondit Philémon ? J'ai fait de plus mauvais repas dans ma vie. L'antique frugalité eſt l'amie de la ſanté : ſi vous voulez vivre long-tems, mes amis, ſoyez ennemis de la molleſſe : rien de plus dangereux que cette ſyrene careſſante ; plus on s'y livre, plus on en devient eſclave : elle eſt incompatible avec toutes les vertus mâles ; elle conduit à l'oiſiveté, à la nonchalance, à l'oubli de ſes devoirs, & ſouvent à la corruption des mœurs. Croyez-vous que les Généraux que la république Romaine mettoit à la tête de ses armées, connoissoient le luxe & la mollesse ? C'étoit au soc d'une charrue couverte de lauriers, qu'elle alloit chercher des mains déja triomphantes, pour leur en faire cueillir de nouveaux. Ils quittoient cependant tout ce qu'ils avoient de plus cher, femmes & enfans, pour obéir à la voix de la patrie qui reclamoit leurs services. D'après ces exemples, demandez encore, mon ami, si un François doit être généreux ? Un François ne doit respirer que l'amour de la patrie. A l'exemple de la Grece & de l'ancienne Rome, ils devroient tous naître au champ de Mars, & leur école ainsi que leur berceau, devroient être au milieu d'un camp. Rien de plus propre que ce moyen pour rendre l'amour de la gloire héréditaire. L'émulation dégénere sous les lambris de la fortune, elle languit dans les plaisirs & se perd dans l'oisiveté & la mollesse ; ce sont les écueils de la jeunesse. Le ciel m'avoit donné deux fils, j'eus la douleur de les voir expirer

au champ de la victoire ; car la bataille
où ils périrent , fut un triomphe pour
leur pere dont ils suivoient les étendarts :
s'ils vivoient encore , je voudrois les
voir soldats ou citoyens utiles.

J'avois cependant décidé , repliqua
d'Arvigni , de fixer mes jours à la campagne , mais il est impossible de tenir
contre vos principes ; si les hommes
venoient à votre école, généreux vieillard , vous en feriez autant de héros.
Ne le croyez pas, mon ami , toute terre
n'est pas bonne à recevoir de bons grains ;
il est des sols ingrats qui ne produisent
jamais que des ronces. Il en est de même
des hommes ; ce qui touche les uns, ne
fait point d'impression sur les autres :
les ames sont nées plus ou moins sus-
ceptibles de sensibilité. La peinture de
la vertu ne plaît point indistinctement
à tout le monde , non plus que le langage de la vérité qui est souvent importun à entendre pour certaines personnes : cependant il ne faut jamais la
déguiser ; j'estime un homme qui la trahit

par politique ou par intérêt , comme
un malhonnête homme : il n'eſt jamais
d'occaſion de la trahir ; il ne doit point
y avoir de motifs aſſez forts ni aſſez
puiſſans pour jamais en ſacrifier les
intérêts. Lorſqu'une fois on la reſpecte ,
elle ſe fait des partiſans : ſemblable à
la vertu honorée par un prince , bientôt on la voit germer dans tous les
cœurs : la gloire qu'on y attache devient
comme un ſoleil , qui , par la chaleur
de ſes rayons , la fait éclore & briller par-
tout. L'amour de la vertu dans un jeune
homme , la rend aimable aux autres : la
ſageſſe le fait remarquer & ſert d'éguillon à la conduite relâchée de ceux qui
le fréquentent.

La vérité fait aimer la vertu , à ſon
tour la vertu fait aimer la vérité & la
rend chere : elle fait naître le penchant
au bien , le deſir d'être utile & celui
de s'éclairer. C'eſt cette vérité dont les
hommes devroient être jaloux ; c'eſt
ſur-tout elle que l'on devroit faire percer
les murs épais qui l'empêchent d'aborder

les souverains & les grands. De quel flambeau lumineux n'éclaireroit-elle pas leurs actions ! elle leur découvriroit l'utile & l'honnête ; elle les feroit percer jusques dans les sociétés dont ils démê- leroient les sentimens ; ils connoîtroient les besoins du peuple, sentiroient tout le fardeau de leurs devoirs ; la justice seule rempliroit leur imagination.

C'est sans doute un spectacle bien beau, reprit d'Arvigni, quand le bon- heur d'un peuple fixe l'attention d'un souverain : mais je regarde cela comme impossible ; les devoirs de la royauté sont trop multipliés pour qu'un seul homme puisse y suffire.

Ce raisonnement n'est pas tout-à-fait sans fondement, répondit Philémon ; mais qu'un monarque soit prudent & éclairé dans le choix de ses ministres ou de ses agens, tous ces phantômes de difficul- tés tomberont d'eux-mêmes : mais pour cela, il faudroit qu'il pût bien connoître cette cour vile & rampante, qui assiège les souverains & qui veille sans cesse aux portes des gens en place. Que ne peut-il connoître aussi l'occupation de ces sortes de personnes qui composent entr'eux une espece de secte toujours dangereuse ! le bien public , le soulagement des malheureux sont-ils les principaux motifs de leurs importunités ? en un mot , est-ce le pouvoir de se rendre utiles à leurs concitoyens qu'ils briguent avec tant d'acharnement ? Plût au Ciel que cela fût ainsi & qu'ils fussent tous brûlés d'un desir aussi noble & aussi grand ! mais , par un malheur qu'on ne sauroit trop déplorer , c'est que la cupidité seule en est presque toujours la base : l'ambition est la boussole trompeuse qui les conduit ; c'est elle qui leur marque l'endroit où ils doivent frapper pour parvenir à leur but.

Si le prince dont ils cherchent à usurper l'autorité est juste , & par conséquent ennemi de tout ce qui porte l'empreinte de la fraude ou de l'injustice , ils le trompent , & tandis que

leur maître ne veut faire parler que les
droits de la bonté, ils s'imaginent avoir
acquis celui de s'ériger en tyrans : mais,
qu'on parcoure les faftes des empires
détruits, des royaumes envahis, des
républiques démembrées, des pays fac-
cagés, des provinces dévaftées & fou-
mifes, par la fucceffion des tems, ou
par une fuite néceffaire de la fragilité
des chofes humaines, à des nations étrangeres ; y trouvera-t-on qu'il y ait jamais
eu des peuples heureux fous une domination tyrannique ? Non, fans doute ;
plus on parcourra les archives volu-
mineufes des nations & plus on fe
confirmera dans l'idée contraire. Non,
non, je le répete, jamais depuis l'exiftence des globes qui roulent fur nos
têtes, je veux dire depuis celle du
monde, il n'y eut de peuples heureux fous le regne des tyrans. Malheur
donc à un état, à une république, ou
au gouvernement quelconque, s'ils font
dirigés par des hommes ambitieux : ce
font autant de tyrans cachés, qui ac-

croiffent leur fortune en dépouillant la veuve fans crédit, & l'orphelin timide, lors même qu'ils s'en difent les zélés défenfeurs.

Eh ! comment l'autorité ne feroit-elle pas compromife ? Comment ne tromperoit-on pas un bon prince, fi tout ce qui l'environne eft conduit par l'ambition ? Il aura beau vouloir le bien de fes fujets, il ignorera long-tems leurs plaintes, tant que la vérité ne parviendra pas jufqu'à fon trône. Comment connoîtra-t-il les befoins du peuple, fi on lui en cache la mifere ? comment y remédiera-t-il, fi tous ceux qui l'approchent l'étourdiffent du bonheur d'un peuple, qui cependant gémit fous l'oppreffion ? comment portera-t-il remede à la bleffure, fi on lui pallie le mal, & fi tout ce qui brille autour de fa perfonne éclipfe l'indigence qui naît & s'accroît à mefure qu'on la lui diffimule ? comment fera-t-il des heureux, fi on lui perfuade, contre la vérité, que tout eft dans l'abondance, quand

tout périt par la misere ? On lui voile
le tableau du malheureux, pour faire
briller devant ses yeux celui de l'opulence. Le rang d'un Monarque est trop
éloigné de ses sujets par la barriere immense que la politique a eu soin de
mettre entre le peuple & lui. D'un côté,
on lui fait jeter les yeux sur l'éclat &
la pompe qui l'environne, pendant
qu'on est occupé à voiler le côté où
languit la partie souffrante ; & par ce
stratagême conduit par une prudence
inhumaine, on parvient à le tromper,
à lui faire croire que tout est dans l'ordre,
& l'on étouffe en lui, sans qu'il en soit
coupable, les sentimens qui le portent à
vouloir le bien : il croit donc que chacun bénit son regne, lorsque chacun se
plaint. Les ambitieux s'applaudissent alors
d'avoir pu le tromper : *les lâches ! ils
ne savent pas ce que c'est que de tromper un roi, & tous les malheurs dont
ils sont cause : ils ne conçoivent pas le
crime affreux de ternir la mémoire de
leur maître ! cette idée n'allarme point*

leurs cœurs : ils vivent avec sécurité au milieu de leurs forfaits : ils n'ont d'autre but que d'accroître leur fortune, de s'engraisser du sang des citoyens ; ils comptent pour rien de séduire & de corrompre la religion d'un prince, qui ne peut tout voir par lui-même, afin de parvenir à augmenter leur fortune, en dépouillant impitoyablement une foule de malheureux. Que de reproches, ces fléaux du genre humain, n'ont-ils pas à se faire ? Leur système est que la classe ordinaire des hommes est faite pour être esclave, & que le monde est fait pour eux : un tel orgueil peut-il être supportable ? De combien de piéges les souverains & les gens en place n'ont-ils donc pas à se défier ? Ceux-ci de leurs miniftres, & ces derniers, d'eux-mêmes, & de leurs subalternes : mais chaque homme dans son état, s'aveugle & se trompe.

Philémon se sentant fatigué, avoit besoin de prendre un peu de repos selon sa coutume après son dîné. Il étoit déja tard, & nos jeunes gens n'avoient encore rien pris depuis leur sortie du château. Philémon leur auroit volontiers offert de partager son repas assaisonné par la frugalité ; mais leur étonnement en voyant la simplicité de sa nourriture, l'empêcha de le faire : il leur demanda la permission de se reposer un peu, se trouvant d'ailleurs fatigué plus que de coutume. Lussan & d'Arvigni prirent donc congé de lui dans l'intention de venir le retrouver le lendemain à la même heure. Il me séduit, il me transporte l'ame : il déchire mon cœur, reprit d'Arvigni, je ne peux voir un si grand homme réduit dans la misere. Il est une preuve existante, *que la vertu au sein des afflictions, a des jouissances célestes.* Il n'est sensible qu'aux malheurs de ses concitoyens, il ne connoît que l'humanité ; il me semble qu'un Dieu nous parle par sa bouche. S'il verse des larmes, ce n'est point sur son infortune, puisqu'il s'en applaudit ; mais ce sont des larmes pures que lui arrachent les vices

de l'humanité. Les larmes de la fenfibilité ne font point ameres à répandre,
comme celles que font verfer les remords
du crime : les larmes qu'il répand font
celles d'un homme vertueux, rempli de
grandeur d'ame, qui voudroit que tous
les hommes fuffent humains, bienfaifans
& amis de la vérité.

CHAPITRE IX.

CE vieillard vénérable ne nous estime pas assez sans doute pour avoir confiance en nous ; jusqu'ici, il ne s'est pas encore déclaré, il nous cache avec constance son nom & sa naissance, dit Lussan à d'Arvigni, en rentrant au château où on les attendoit. Je ne sais quel secret pressentiment pénetre mon ame : un intérêt plus qu'ordinaire me brûle du desir de connoître ce héros des vertus & de l'infortune. La vertu dont il est le prophète me l'offre sous une image !... Mais peut-être.... que dis-je peut-être ? il est mort, on me l'a dit, ce ne peut être lui ; je n'avois que quatre ans quand il mourut : depuis ce tems il est oublié. Qui ne seroit attendri, confondu, en voyant son front majestueux, souvent ceint des lauriers de la victoire, se pencher vers la terre, la cultiver, l'arroser de ses sueurs, afin d'en tirer une sub-

fiftance que lui doit la patrie qu'il a
défendue ! Que la terre, que fes mains
victorieufes cultivent, doit être féconde,
& que fes fruits doivent être précieux,
puifqu'ils font arrofés par les fueurs d'un
grand homme ! Avec quelle grandeur il
fupporte l'adverfité : que fa morale eft
pure ! ah ! c'eft celle d'un Dieu : il fe
confole en fe repréfentant les illuftres
ingrats qu'il a faits. Le calme de fon
ame eft le prix de fa droiture. Eft-ce là
la récompenfe qui auroit dû fuivre fes
fervices ! S'il eft fi dangereux d'avoir
en main les rênes du gouvernement,
& fi, comme il le dit, l'exil & l'ignominie étoient fouvent le partage des
généraux Athéniens, comment donc
pouvoit-on trouver alors des foldats
pour défendre cette même république,
puifque la folde des chefs étoit fouvent l'exil ou la mort ? Comment peut-
il donc fe trouver des foldats pour défendre une république, foudoyés par
l'ingratitude ? Après avoir effuyé toutes
les fatigues d'une longue guerre, s'être

exposé à mille périls, avoir couru tous les dangers imaginables, avoir sacrifié sa santé, son repos, sa vie même, avoir enduré la faim, la soif, supporté toutes les rigueurs des saisons, avoir remporté des victoires; quoi! l'ignominie étoit la couronne de tant de glorieux travaux. Si l'histoire n'attestoit tous ces faits, la postérité auroit peine à le croire. Il ne faut pas s'étonner si Philémon prétend qu'on doit supposer la patrie ingrate ; elle ne l'est que trop souvent : mais il prétend qu'on lui doit tout, & qu'elle ne nous doit rien ; cependant, je m'imagine que si le devoir d'un citoyen est de la défendre, il est de la justice de sa patrie d'en être reconnoissante lorsqu'il s'en est acquitté avec distinction.

On ne sauroit trop louer les sages établissemens de nos rois en faveur des soldats. L'humanité de la France la rend respectable aux autres nations : le soldat qui a passé sa jeunesse dans les camps, espere au moins un terme à ses travaux & un soulagement à sa misere.

Un aſyle auguſte ſert de reſſource à ces corps mutilés, qui ne peuvent plus ſervir l'état : la mort & la diſette ne s'offrent point à eux ; ils ſont à l'abri de la honte de mendier. Ce ſont ces ſortes d'établiſſemens, qui plus que les monumens les plus ſomptueux, éterniſent la mémoire d'un grand roi, & de tous les ſouverains qui agiſſent de même. Si on grave leurs noms ſur le marbre ou l'airain, leurs bienfaits ſont empreints en caractères ineffaçables dans tous les cœurs. Le ſouvenir d'un bon roi ſe tranſmet de ſiecle en ſiecle ; il eſt mortel par lui-même, mais ſes vertus le font vivre dans l'ame de la poſtérité.

En effet, il ſeroit honteux pour une république, ſi un brave ſoldat après avoir généreuſement expoſé ſa vie pour la défendre, n'avoit que l'indigence & le mépris à eſpérer dans ſa vieilleſſe. Si ce malheureux qui ſeroit ainſi oublié, avoit droit de s'écrier contre l'injuſtice, dit Luſſan, que dira donc la poſtérité en apprenant qu'un héros a été avili, mé-

connu

connu de fa patrie, forcé de travailler
pour vivre, après avoir épuifé fes forces,
fa fortune pour défendre les murailles
de fes concitoyens ? L'humanité ne fe
récrie-t-elle pas à un pareil tableau ?
cependant voilà les hommes ! ils oublient
volontiers les fervices qu'on leur a rendus. Qu'efpérer pour l'avenir, fi l'on
rend fi peu juftice au mérite ? on voit
aujourd'hui peu de mortels bienfaifans
qui connoiffent la fenfibilité, & qui par-
tagent les douleurs de leurs femblables.

Hélas ! reprit d'Arvigni, je ne puis
concevoir comment on peut laiffer ainfi
languir un homme auffi courageux &
auffi défintéreffé ? J'ai peine à croire
que tous les cœurs foient endurcis ; tâchons de pénétrer le myftere que ce
vieillard s'obftine à nous cacher ; peut-
être pourrons-nous découvrir fon nom,
fa naiffance & le rang qu'il occupa jadis
dans l'état. Sa difgrace, comme nous
l'avons déja dit, ne peut être que le
fruit de l'impofture ou de la noirceur,
de la jaloufie. La calomnie qui rode fans

H

cesse autour de l'homme en place, &
dont le plaisir détestable est d'exhaler
son mortel poison sur ses meilleures
actions, lui aura imputé des crimes auxquels il n'aura pas même pensé : tant
il est vrai qu'il vaut souvent mieux
obéir que de commander ! Sur ce dernier, la jalousie marche sur ses pas :
elle le poursuit sans relâche jusqu'à ce
qu'elle l'ait atteint & déshonoré. Rien
de plus facile que de tromper un prince
équitable & bon ; sous l'apparence d'un
intérêt conduit par la justice, on lui
rend un ministre odieux ; on tourne les
projets & les intentions de celui-ci d'un
côté contraire aux vûes qu'il a ; c'est un
moyen suffisant pour le supplanter, ou
du moins pour le rendre suspect & lui
frayer par ce moyen une route prochaine
à sa ruine. Que faut-il à la cour des
rois pour être culbuté ? une fausse accusation ou bien une cabale ourdie par
la méchanceté. Par ce stratagême affreux
on voit en peu de tems un homme
descendre du rang le plus distingué pour

être enseveli dans l'oubli. Tel a été le fort du mortel respectable que nous avons quitté : cela ne peut être autrement, car il a trop de vertus pour avoir mérité un pareil fort. Tâchons par le secours de mon pere de donner le démenti à la perfidie de ses ennemis ; tâchons de rétablir sa fortune sur les débris de leur méchanceté. Ce seroit un bonheur pour nous, si une fois nous pouvions faire fléchir les genoux des courtisans devant la vertu malheureuse : lui rendre hommage, est pour une ame bien née une occupation digne du ciel. Efforçons-nous donc d'approfondir ce mystere, il n'est presque rien dans le monde dont on ne puisse savoir l'origine ou la cause. Il faut en parler à mon pere, peut-être en aura-t-il quelque connoissance ; d'ailleurs il est assez bien à la cour, il pourroit y servir ce bon vieillard : d'ailleurs, il est si glorieux de pouvoir soulager un héros ! en effet, la vertu n'est jamais plus digne du respect & des hommages des mortels, que lorsqu'elle languit oubliée. Si notre projet ne réuffit pas , au moins aurons-nous le mérite de l'entreprife.

J'en augure une iffue favorable , répondit Luffan ; & le regne fous lequel nous fommes me donne la plus belle efpérance. On dit , & ce n'eft pas fans raifon , que le jeune prince qui nous gouverne eft né fenfible , qu'il eft bon & qu'il aime la juftice : fi cela eft, la vertu malheureufe doit l'intéreffer , d'autant plus que fon accès eft auffi facile qu'il eft affable à parler. Ses fujets ont l'heureufe liberté de l'aborder fans crainte : fon plaifir eft de fe faire aimer d'eux , mais non de s'en faire craindre. Il en eft chéri , comme un bon pere l'eft de fes enfans ; auffi , s'offre-t-il à eux avec la fécurité d'un monarque dont chaque jour eft marqué par des bienfaits répandus fur fon peuple. Les cris du malheureux & les larmes de l'indigence , malgré le bruit tumultueux des flatteurs , fe font entendre à fes oreilles & percent l'enceinte de fon Palais. Il fourit à la vertu & fe fait

une gloire de la protéger : la juſtice
près de lui, obtient toujours un accueil
favorable ; ſa cour eſt l'aſyle du vrai
mérite. Il répand ſes faveurs avec diſ-
cernement & ne les proſtitue point à
l'intrigue ; il faut les mériter avant de
les obtenir. Le héros que le ſort a
maltraité & dont il reconnoît le mérite,
eſt regardé par lui, comme un génie
heureux, ou plutôt comme un dieu
tutélaire dont il fait l'ame de ſes con-
ſeils. Heureuſe la contrée ainſi ſoumiſe
aux loix d'un monarque juſte, protecteur
de la veuve & de l'orphelin, qui ne
rougit pas de deſcendre dans les plus
petits détails, pour en tirer des connoiſſances utiles au bonheur de ſon
peuple ; près duquel la vérité marche
avec aſſurance, dont les bienfaits aſſurent
le bonheur de ſes ſujets & qui fait s'en
faire aimer ſans déroger au rang de la
majeſté. Implacable ennemi des flatteurs,
peſte ordinaire des cours, dont rien ne
peut étouffer le germe deſtructeur, ni
tarir la ſource empoiſonnée ; il fait ſe

H iij

tenir en garde contre leur surprise ; il sait
à quel point on peut abuser de l'autorité ; aussi, a-t-il su en régler les limites.
Instruit dès son enfance au grand art
de régner , il connoît les écueils du
rang suprême ; c'est ce qui lui inspire
cette défiance sublime de lui-même :
il sait que la jeunesse est facile à se
tromper , sur-tout lorsque tout concourt à lui mettre un voile devant les
yeux ; c'est ce qui le fait trembler en
décidant. *Il ne veut régner que par ses
bienfaits & mériter l'amour de ses sujets
dont il est aimé.* Le bien qu'il fait &
les inconvéniens auxquels il ne peut
pas encore remédier , occupent seuls
son esprit : on se flatte que la postérité
pourra mettre son régne au rang de
celui des Titus , des Marc-Aurele , &
des Trajan.

Je le sais comme vous , répondit
d'Arvigni , c'est ce qui me fait tant
desirer de connoître ce bon vieillard.
Lorsque mon pere paroîtra , nous lui
ferons part de notre dessein , & de la

découverte heureuse que nous avons faite. Je suis étonné qu'il ne soit pas encore de retour ; la promenade l'aura probablement amusé aujourd'hui plus que de coutume. Si nous parvenons à obliger ce bon vieillard, ne lui découvrons jamais que c'est à nous à qui il en sera redevable ; peut-être ne voudroit-il pas nous avoir obligation ; d'ailleurs, nous n'en exigeons pas. Il faut comme il le dit fort bien, être bienfaisant pour le plaisir de l'être : trop heureux de pouvoir obliger, on doit rejetter la vanité de publier un service qui honore plus celui qui le rend, que celui qui le reçoit.

C'est sans doute une faveur bien grande lorsque le ciel découvre à des cœurs sensibles l'asyle d'un grand homme, sur-tout quand il les met à même de lui rendre hommage ; car c'est ordinairement à ceux qu'il a fait naître humains & bienfaisans qu'il ôte l'heureux pouvoir d'en faire usage. Puisque nous pouvons le pratiquer, gardons-nous

H iv

de le publier, de peur que quelqu'un ne vienne nous en ravir le bonheur. Mon pere connoît la politique rafinée de la cour ; il fait que la haine & la rage de la jalousie s'y déchaînent sans cesse contre le mérite : il fait qu'il n'y a pas de plus grand triomphe pour tous ces lâches envieux, que lorsqu'ils font témoins de la perte d'un homme vertueux ; il n'aura pas de peine à se peindre *le sourire de la malignité, l'air mystérieux de la calomnie*, qui jouit du spectacle affreux d'un infortuné que leur poignard assassine. Hélas ! ce généreux mortel a du moins la consolation dans son malheur de n'avoir rien à se reprocher, tandis que ses ennemis ont à rougir de leur bonheur & de la confiance du prince dont ils font indignes.

Pendant que d'Arvigni parloit ainsi, le comte d'Orval son pere vint à rentrer ; Lussan & lui coururent au-devant de lui, fort empressés de lui rendre compte de la connoissance qu'ils avoient faite dans la perfonne de Philémon. Comme il n'étoit pas ordinaire à d'Arvigni ni à Luffan de s'abfenter fi long-tems, à moins que ce ne fût pour aller dans des châteaux d'alentour, leur éloignement avoit déja inquiété le comte qui s'en étoit plaint le matin, en ne les trouvant pas comme de coutume. Il connoiffoit la pétulance de fon fils, il s'étoit imaginé qu'il avoit gagné Luffan pour s'en aller à quelques fêtes, telles qu'on en voit dans les villages, afin d'avoir par ce moyen occafion de s'amufer de la fimplicité des petites payfannes, qui cependant ne font pas toujours fi niaifes qu'on voudroit fe l'imaginer. D'Arvigni ne lui donna pas le tems de s'informer où ils avoient été, il lui rendit un compte fidele de tout ce qu'il avoit vu dans la perfonne de Philémon : il n'oublia pas de lui faire la peinture des charmes de Bélinde dont il étoit épris, fans néanmoins lui en avoir rien témoigné.

Le comte l'écoutoit attentivement

& se trouvoit attendri du récit qu'il lui faisoit de la position fâcheuse de Philémon : il en fut si sensiblement touché, qu'il ne put s'empêcher de répandre des larmes. Il se rappelloit le souvenir d'un ami qu'il avoit eu & qui étoit mort dans la derniere misere.

Lussan prenant alors la parole, le cœur serré par le souvenir de son oncle, ne seroit-il donc pas possible, Monsieur, de pouvoir obliger malgré lui ce généreux mortel ? Il semble mépriser tout ce qu'on peut lui offrir ; connoissant votre générosité, nous lui avons offert de lui donner un asyle & de lui procurer un soulagement à ses maux : il a constamment refusé nos offres : peut-être ne nous estime-t-il pas assez pour les accepter : mon ami & moi l'avons prié de nous donner au moins quelques lecons pour nous aider à nous conduire dans le monde. Hélas ! il n'en est point de plus puissante que son exemple : rien de plus persuasif que sa morale & en même-tems rien de plus éloquent. Il parle des devoirs de l'humanité , d'une maniere à les faire aimer au cœur le plus féroce : son langage eft celui de la vertu ; la générofité , la grandeur d'ame font peintes dans fes difcours. Il m'a pénétré ; nous n'avons encore eu qu'un entretien avec lui, que feroit-ce donc fi nous étions à même de profiter de fes leçons ? Il connoît les hommes : je ne m'étonne pas , malgré fon défintéreffement & fa générofité , s'il fe trouve plus heureux fous fon humble toît , que s'il vivoit encore fous la tente des rois ; fon expérience lui a appris à les fuir , & voilà ce qui l'obftine à demeurer inconnu. La mort m'ayant privé de mon pere , n'étant encore qu'au berceau , je fus mis entre les mains d'un oncle vertueux , qui , dit-on , éleva mon enfance par les foins qu'il eut de mon éducation. Il étoit alors en faveurs, aimé de fon prince dont il méritoit la confiance : la guerre étant venu à fe déclarer, il fut mis à la tête de l'armée & remporta plufieurs victoires qui furent fa perte. La jaloufie lui imputa des crimes ,

H vj

on le soupçonna d'une ambition perfide, lorsqu'il étoit le plus fidele ; ce qui engagea le roi à l'envoyer dans un exil éloigné, après l'avoir dépouillé de tous ses biens, afin de lui ôter tout moyen de se former un parti. Hélas ! il en étoit bien éloigné ! on m'a dit qu'il étoit mort dans la derniere misere. L'état de ce bon vieillard me rappelle sa mémoire, je ne peux y penser sans en être attendri. Si l'on n'a pu secourir mon oncle, si, dis-je, la calomnie a été contre lui triomphante jusqu'à la fin, ce seroit une gloire de la vaincre aujourd'hui en publiant les vertus de cet honnête homme. Si nous étions assez heureux pour pouvoir le faire, quelle joie ne ressentiroit pas sa fille ! quel moment pour sa tendresse ! Ah ! si vous saviez comme elle aime son pere ! elle n'est occupée que de lui : si elle le quitte un instant, on voit le souci, l'inquiétude, la crainte : tout allarme sa tendresse. Comment peut-il donc y avoir des hommes assez méchans pour s'occuper de faire le malheur des mortels vertueux ? Quel monftrueux plaifir ! eft-il un plus funefte égarement de la raifon, que lorfqu'on ne s'en fert que pour nuire ? faut-il que les hommes vertueux fervent d'éguillon à la méchanceté ! quand je me repréfente cette pauvre cabane où le jour pénetre de tout côté, je ne peux m'empêcher de dire: c'eft donc ici où eft enfevelie la vertu, c'eft ici le tombeau d'un citoyen dont les lumieres feroient fi utiles à fa patrie ! Plus j'y penfe, plus je m'afflige. L'ame fenfible du comte fe trouvoit déchirée par le rapport qu'il trouvoit entre la fituation de Philémon & celle de fon ami qui étoit difparu depuis quinze ans : il ne doutoit pas que cet ami ne fût mort.

D'Arvigni l'interrompant, voulut faire le portrait de Bélinde. Repréfentez-vous, mon pere, la vertu unie au fentiment, & vous pourrez vous figurer l'image de la fille de ce bon vieillard : rien ne peut vous caractérifer les agrémens de ſa perſonne, il faut la voir ſi l'on veut s'en former une idée ; ſa beauté eſt encore au-deſſous de la ſenſibilité de ſon ame. Ses plus beaux jours ſe paſſent à conſoler ſon pere, à lui procurer tous les ſoins les plus tendres ; la nuit ſans doute, elle donne un libre cours à ſes larmes, le jour on voit qu'elle concentre l'amertume de ſa douleur au-dedans d'elle-même. L'image de ſon pere abandonné, languiſſant dans l'indigence, courbé ſous le poids des années, accable ſans ceſſe ſon ame ; ah ! ſans doute, elle eſt inconſolable !

Le comte à meſure que Luſſan & ſon fils l'inſtruiſoient, s'intéreſſoit plus fortement au ſort de Philémon. Ils s'entretinrent quelque tems enſemble ſur différens ſujets, le ſoir on rappella la converſation ſur l'infortuné vieillard. D'Arvigni dit à ſon pere, qu'il leur avoit promis de ſe rendre le lendemain au même endroit, ou qu'ils viendroient le trouver dans ſa chaumiere ſur le midi.

Le comte voulut être de la partie,

fans cependant fe faire connoître, afin
de voir les chofes par lui-même. La
foirée fe paffa à s'entretenir fur les moyens
de le fecourir, & bientôt après chacun
fut fe livrer au fommeil, dans l'efpoir de
remplir leur deffein le lendemain matin.
Le crime que l'on médite allarme fouvent d'avance, l'idée feule en fait frémir ;
quelle différence, lorfque la vertu dirige
une action, & quand l'humanité la fait
naître !

CHAPITRE X.

PHILÉMON ne fe fentant plus des fatigues de la journée précédente, partit au lever du foleil pour aller travailler à une petite portion de vigne dont il étoit poffeffeur; Bélinde le rejoignit auffi-tôt. Ils allerent enfemble fur un petit côteau; Bélinde le voyant alors élaguer les rameaux de la vigne couverts de feuilles, en paroiffoit furprife, & demanda à fon pere la raifon qui l'engageoit à couper les plus beaux. Ce foin eft néceffaire, lui dit-il; quand les branches d'un arbre font trop multipliées, il faut en diminuer le nombre, parce qu'elles en altéreroient le tronc qui ne pourroit fournir affez de feve pour les nourir toutes. Il en eft de même de la vigne, lorfque les rameaux font trop abondants ou trop filés, ils font monter la feve à leur extrémité, & privent les autres du fuc néceffaire pour faire mûrir le raisin. Il devroit en être de même dans la société des hommes, reprit Bélinde ; on devroit, ce me semble , en retrancher ceux qui par leur façon de penser, ou leur maniere d'agir peuvent lui être préjudiciables. Sans doute, répondit Philémon , mais cette opération est presque impossible ; il y a toujours eu des méchans, il y en aura toujours : c'est une espece de fléau nécessaire à l'humanité , quoique très-pernicieux : il faut supporter le mal auquel on ne peut remédier. On ne peut empêcher qu'il y ait des cœurs bas & des ames corrompues , ce sont des vices qui tiennent à la nature humaine : il est des hommes qui lui font honneur , & d'autres qui en sont l'opprobre. A peine Bélinde & Philémon commençoient-ils à travailler , que d'Arvigni , Lussan & le comte d'Orval se présenterent à eux.

Le comte se tournant devant Philémon , crut distinguer dans les traits de ce bon vieillard quelque chose de la figure de son ancien ami : l'éloignement & l'absence lui en avoient déja fait perdre l'idée : l'infortune change bien un homme ! d'ailleurs la persuasion où il étoit de sa mort, l'empêchoit de reconnoître au premier abord le meilleur de ses amis. Cependant les traits de sa figure avoient pour lui un je ne sais quoi de frappant, qui l'engagea à lui faire plusieurs questions, sans néanmoins avoir l'air de l'interroger. Que je plains votre sort & celui de votre fille, mortel généreux , dit le comte , pénétré de douleurs ! Votre vue est pour moi un spectacle bien douloureux : la vôtre, repartit Philémon, est pour moi une consolation ; j'aime à connoître des gens vertueux.

Philémon qui croyoit parler à d'Arvigni, se tournant vers le comte, fut fort surpris de voir un autre visage : comme son étonnement fut visible , d'Arvigni le pria de se rassurer. Ne vous allarmez point, dit-il, c'est mon pere que vous voyez devant vous, il est venu

pour vous secourir. Je ne lui demande
rien, je suis toujours charmé de le voir ;
avec plaisir je lui annonce que son fils
a le cœur tendre & vertueux, capable
de lui faire honneur ainsi qu'à sa patrie,
s'il sait profiter des heureux dons qu'il
a reçus du ciel : mais il faut qu'il crai-
gne le prestige dangereux de l'illusion,
qu'il se méfie de ses lumieres & qu'il
apprenne à se mettre en garde contre
lui-même. Votre fils, dit Philémon au
comte, est fait pour vivre parmi les
courtisans ; ayez sur-tout grand soin
de le garantir de leurs principes & de
le mettre en garde contre leur systême ;
qu'il n'en adopte jamais d'autre que
celui de la vertu & de l'honnêteté. Il ne
connoît pas encore les hommes, c'est
en vivant avec eux qu'il apprendra à
les connoître. Sur-tout qu'il ne s'abaisse
jamais au rôle pernicieux de flatteur.
Les bons princes sont les amis de la vérité :
la leur dissimuler sous prétexte de leur
faire la cour, c'est se rendre criminel envers eux. C'est un crime qu'ils ne devroient

même pas pardonner, par la raison que la flatterie eſt l'aimant de la perfidie : auſſi les monarques ſe plaignent-ils que la vérité les fuit.

Cela n'eſt que trop vrai, répondit le comte : comment pourroit-elle en aborder, quand tous ſes ennemis environnent le trône ? Lui donne-t-on la liberté de ſe faire entendre ? l'iniquité l'emporte ſouvent ſur elle. Cela peut être, dit Philémon, mais « qu'on lui donne une » fois un libre accès, vous la verrez pé- » nétrer à travers des lances & des épées » qui s'oppoſent à ſon paſſage ».

Hélas ! reprit le comte, j'eus autrefois un ami qui me ſervit de pere dans pluſieurs campagnes que je fis avec lui ; il n'eut pas le bonheur de faire percer la vérité pour prouver ſon innocence & l'intégrité de ſa conduite. Il y a près de vingt ans que je n'en ai entendu parler. Je n'ai pu lui rendre une foible partie de ce que je lui dois. Peut-être eſt-il mort. O Philémon ! Philémon ! c'eſt toi qui m'as ſauvé la vie, & je n'ai pu te fecourir dans ton infortune ! que je fuis malheureux ! Que dites-vous de Philémon, reprit le bon vieillard ? vous étoit-il connu ? Hélas ! que trop pour ma douleur. Que dites-vous ? Vous auroit-il donné quelque fujet de vous plaindre de lui ? Je ne plains que fon fort. Mais encore, reprit le vieillard, d'où vous eft-il connu ? par fes fervices, par fes bienfaits & par la vie qu'il m'a fauvée ; en un mot, je lui devois tout, & je n'ai pu lui rendre rien.

Philémon ému jufqu'au fond de l'ame ne pouvoit méconnoître celui à qui il avoit fauvé la vie ; mais il ne voulut pas encore fe faire connoître. Combien y a-t-il de tems que vous vivez ainfi abandonné, demanda le comte à Phi-lémon ? Depuis environ quinze ans, ré-pondit le vieillard. Il y a environ autant de temps que j'ai perdu mon oncle, dit Luffan ; il mourut ainfi délaiffé, manquant de tout. Que dites-vous, jeune homme, répondit Philémon ? ne vous ai-je pas déja dit que je ne manquois de rien ;

croyez-vous que l'on manque de tout, pour ne pas avoir tout en abondance ? il vaut mieux avoir quelque chose à défirer que d'avoir tout à fouhait & d'être rebuté de tout. Vous ne connoiffez pas la maladie de la fatiété ; c'eft une funefte abondance qui fait tomber l'ame dans une langueur encore plus dangereufe. Malheur à l'homme qui a tout à fouhait ! l'habitude qui rend fi cruel le fentiment de la privation, rend l'abondance infipide. Ainfi vous vous trouvez heureux dans votre état, dit le comte ? Pourquoi non, repartit Philémon ; la pauvreté ne me fait pas rougir. Mais que penfez-vous de l'injuftice des hommes, demanda le comte? Ce que tout homme raifonnable doit en penfer : la raifon eft que les uns trompent les autres, & que les autres fe laiffent furprendre : c'eft un des vices de l'humanité. Le comte crut lui demander dans quelles guerres il avoit fervi. J'ai fait la guerre contre les Anglois, contre l'Allemagne, la Hollande. J'ai fait auffi toutes ces campagnes, répondit le comte. C'eſt dans la guerre contre les Anglois que je fus tiré des mains d'un ennemi qui alloit me donner la mort : j'étois alors ſeul, privé de tout ſecours, lorſqu'un ami généreux vint défendre ma vie en expoſant la ſienne. Il quitta l'aîle qu'il commandoit pour venir m'arracher des mains d'un barbare. Je n'ai pas été aſſez heureux de lui en marquer ma reconnoiſſance. J'eus le plaiſir de le voir triompher dans pluſieurs campagnes, & j'eus le malheur d'apprendre bientôt ſa diſgrace.

Philémon ne pouvant plus contenir ſes larmes, lui dit, ô mon ami, reconnoiſſez l'ami que vous regrettez de ſi bon cœur : embraſſez-le, c'eſt moi ; votre reconnoiſſance me pénétre l'ame. En diſant ces mots il parut s'évanouir ; mais ſa fille le fit promptement revenir à lui, par les larmes dont elle l'arroſoit. Quoi ! c'eſt vous, généreux mortel, qui êtes ainſi réduit à l'indigence ! eſt-il une ſituation plus indigne de vous !

comment peut-on commettre de femblables injuftices ? Il faut avouer que les hommes font bien ingrats ! les ennemis du vrai mérite feront-ils donc toujours triomphans ? feront-ils toujours gémir la vertu, & la verra-t-on toujours fuccomber fous leurs efforts ? Funefte pouvoir de l'intrigue, elle achete la perte d'un homme utile, aux dépens même de l'état. Pour élever ou détruire un homme, elle facrifie tout, elle bouleverfe tout, elle obfcurcit la vertu la plus brillante pour la perdre ; on releve la fcélérateffe pour la faire paroître fous un dehors avantageux. Telle eft le malheureux pouvoir de l'intrigue, qu'elle éleve ou renverfe à fon gré ; elle fert malheureufement trop fouvent de pilote au vaiffeau de l'état. Les tempêtes qu'elle excite l'expofent fouvent à être englouti : on pourroit dire fans crainte de fe tromper, qu'elle eft un écueil où il eft très à craindre qu'il n'aille fe brifer. Chaque empire porte avec lui la caufe prochaine

de

de sa ruine, ce sont ses ennemis domes-
tiques.

La sagesse du gouvernement ne pourroit-elle pas prévoir les injustices, demanda d'Arvigni ? & un prince ne pourroit-il pas s'assurer de la vérité d'une
accusation, avant de sévir contre un
serviteur en qui tout concourt à prouver
la fidélité inviolable ? Le bonheur des
citoyens dépend, selon mes foibles lumieres, de la maniere avec laquelle un
souverain punit ou récompense : tout
doit être en lui un acte de justice, &
jamais un de la passion ; c'est une occupation dont il doit faire son étude.
Il doit avoir les mêmes raisons, quoique
différentes dans leurs objets, pour punir
ou pour récompenser.

Un souverain, reprit Philémon, croit
toujours faire le bien, & si l'on ne
trompoit pas sa religion, il ne feroit
jamais le mal. D'où peut donc dépendre
le bien qu'il peut faire & les inconvéniens qu'il peut éviter, demanda Lussan ?

De la bonne administration du gou-

I

vernement & du choix de ſes miniſtres,
qui doit être fait avec prudence, dit
Philémon. De la bonne adminiſtration
d'un gouvernement quel qu'il ſoit, dépend
le bonheur du peuple, l'honneur de la
nation & la gloire du ſouverain qui lui
commande. Ceux en qui le ſouverain
dépoſe une portion de ſon autorité,
ont entre leurs mains les intérêts du
prince, de la nation, ceux des grands,
& les leurs. Leur principal devoir eſt
de ſavoir les concilier tous enſemble
ſans porter atteinte ni aux uns ni aux
autres. Il eſt rare qu'ils ſentent toujours
l'importance de cet emploi : ce qui
eſt une belle inſtitution dans le principe eſt quelquefois dangereux dans
les conſéquences. L'autorité partagée
dégénere & devient ſouvent la ſource
de mille inconvéniens. Si Rome n'avoit
jamais eu de conſulat, & qu'elle eût voulu
s'en tenir au gouvernement monarchi-
que, peut-être ſeroit-elle encore aujour-
d'hui maîtreſſe de l'univers. L'ambition
de ſes chefs fut ſa perte : quand une

fois ceux qui ont en main les rênes d'un empire, se disputent le droit de l'envahir ou de le déchirer pour s'enrichir, il y a tout à craindre pour sa conservation. C'est à l'ambition de quelques factieux accrédités qu'on doit attribuer tous les abus qu'on a vu s'exercer autrefois avec tant d'impunité.

Lorsqu'on veut voir la ruine des empires & connoître les causes de leur décadence, l'histoire découvre aux yeux l'ambition armée du pouvoir exerçant toutes sortes de malversations & de brigandages. La flatterie & l'intrigue font naître tous les fléaux imaginables: la flamme, le fer, la disette, tous ces monstres destructeurs du genre humain marchent à leur suite.

Les derniers tems de la république Romaine, présentent le tableau le plus cruel & le plus sanglant. Quel siecle plus affreux & plus fécond en atrocités que celui du Triumvirat en Italie, ainsi que celui de la ligue en France ? N'a-t-on pas vu dans le sein de Rome victorieuse de tous ses ennemis, la guerre la plus affreuse faire couler des ruisseaux de sang dans l'enceinte de ses murailles ?

Les ambitieux & les flatteurs sont dans un état autant de serpens qui ne cherchent qu'à étouffer ceux qui les nourrissent. Les derniers tems de la république Romaine en sont la preuve : quel renversement malheureux, & quel désordre l'ambition n'y a-t-elle pas causé ? On vit en peu de tems un bouleversement général dans l'économie de l'état : les finances au pillage, le commerce florissant arrêté dans ses opérations, se soutenant à peine, sans force & sans crédit. La confiance disparut alors pour faire place à la crainte : tout changea en un instant. Les injustices se multiplierent à mesure que la guerre intestine allumoit des feux plus violens ; le désordre s'introduisit par-tout : plus de discipline dans la milice, plus de mœurs, plus de frein, plus de loix ; en un mot, tout y fut foulé aux pieds. La religion y fut profanée ; l'audace leva son front

insolent, on vit le crime arborer ses
étendarts & triompher seul de la nation
souveraine du monde ; on vit l'innocence opprimée, le bon droit vendu à
l'injustice, les meurtres se commettre
avec impunité, le capitole souillé de
sang, Thémis chassée de son temple,
les autels renversés & profanés avec
indignité ; des gens sans état, sans lumieres, vendre leurs décisions, sacrifier la
justice à la faveur, immoler l'innocence
sur les autels de l'intrigue, & rendre des
oracles également contraires à l'équité,
à la raison & au sens commun. Ce ne
fut plus ce sénat où l'on croyoit voir un
assemblée de rois ; ce n'étoit plus ces
graves sénateurs qui faisoient admirer
Rome aux autres nations : ce ne fut plus
que des aventuriers suscités par le malheur des tems. C'est alors que l'on vit,
à la honte de la république, le bon droit
vendu à l'autorité : en effet, que ne
vit-on pas dans ces tems malheureux ?
tout devint venal, & l'or à la main,
chacun marchandoit le gain de sa cause.

I iij

Que de jugemens abusifs, de décisions obscures, & de conséquences sans principes ne voyoit-on pas tous les jours ? C'est alors que Rome, maitresse de toutes les nations, devint en peu de tems la fable de l'univers entier. Jamais elle n'eut plus de sujet de regretter son ancienne discipline, ni plus de raison de regretter ses premiers tems & la pureté de ses mœurs, que lorsqu'elle se vit sacrifiée à l'intérêt de plusieurs ambitieux, qui sous prétexte de se déclarer ses protecteurs, se disputoient le droit de la tyranniser & de partager ses dépouilles.

Qui put causer un changement si prompt dans les mœurs des Romains, demanda d'Arvigni ?

L'envie de dominer, l'oisiveté & la mollesse, répondit Philémon. Evitez ces trois vices, mon ami, ce sont autant d'écueils dangereux. L'envie de dominer fit gémir la république Romaine sous le joug de l'oppression. Ne pouvant être vaincue par des ennemis étrangers,

elle se fit la guerre à elle-même , &
parvint à se détruire ; cette portion de
l'univers la plus florissante qui fut jamais ;
car personne n'ignore à quel degré de
magnificence & de splendeur parvint la
puissance Romaine, qui ne pouvoit être
détruite & renversée que par elle-
même (1). Lorsque le luxe s'y fut in-
troduit , le courage & la valeur dispa-
rurent , & la rendirent méconnoissable.
Delà , sont venus tous les fléaux qui
l'ont accablé successivement. Des guerres
intestines ont détruit ce que les ennemis
du dehors n'avoient pu approcher : les
révolutions se sont succédées & ont hâté
sa ruine.

Comment un si grand corps a-t-il
pu passer sous une autre domination, &
être démembré en si peu de tems, demanda Lussan ?

Cette question est facile à résoudre.
Rapportez la décadence & la ruine de
l'empire Romain à l'ambition , & vous

____

(1) *Mole ruit sua.* Voyez Juste, Lipse, Montesquieu,
Salluste, Linca & Juvenal.

ne vous tromperez pas. Quand une fois
le gouvernement change de forme , &
que l'esprit de syftême & de parti en
font oublier les loix , on doit s'attendre
à tout. L'esprit de parti eft la fource de
mille révolutions : lorfque Rome l'eut
adopté , elle fe vit lacérée de tout
côté. Ce fut à qui commettroit le plus
d'injuftices : les plus accrédités parvin-
rent à tout engloutir ; la force prévalut
fur la juftice & les loix ; les ambitieux
remplirent leurs projets fans crainte : en
peu de tems l'abondance fit place à la
difette , l'opulence à la pauvreté , la
famine s'introduifit au milieu même de
la fertilité. On ne peut fans horreur, fe
rappeller ces tems malheureux : les incidens les plus bizarres parurent s'être
réunis pour faire un tout complet de
malheurs & de défordres. Ce grand
corps fut déchiré de toutes parts ; cette
fuperbe harmonie qui faifoit envier
Rome aux autres nations fut détruite
en un inftant ; la difcorde fecoua fes
flambeaux , mit tout à feu & à fang ,

& parvint à défunir tous les membres du chef.

L'autorité eft bientôt oubliée lorf-qu'elle eft facrifiée dans des mains mer-cenaires. On ne douta plus de fa dé-cadence prochaine, lorfqu'on vit le feu du triumvirat s'allumer ; & on ne fe trompoit pas, l'effet a fuivi la pré-diction.

C'eft donc à l'ambition qu'il faut at-tribuer la deftruction des empires, de-manda le comte ?

Pas toujours, reprit Philémon, mais elle y entre toujours pour quelque chofe : c'eft à la corruption des mœurs qu'il faut l'attribuer, car fans cela, tout fe maintiendroit dans l'ordre. Lorf-qu'une nation dégénere, c'eft qu'elle déroge aux loix qui font fes fonde-mens.

Comment voulez-vous que le même efprit fe foutienne, demanda le comte, fi ceux qui font à la tête des affaires ont recours à des injuftices pour rem-plir les fonctions de leur état ? Comment voulez-vous que tout rentre dans l'ordre, si on ne remedie pas aux inconvéniens qui en troublent l'harmonie ? car fans cela, on voit tout s'acheminer à grands pas vers fa ruine : femblable à un beau monument expofé aux injures de l'air, fi on n'a pas foin de le réparer de tems en tems, il tombera infenfiblement en ruine. Il en eft de même dans un état, fi on néglige d'y maintenir les loix en vigueur, la corruption y fera promptement des ravages affreux. Les citoyens y feront opprimés, les gens vertueux feront victimes des méchans ; on verra comme à Rome, la juftice vendue à la faveur, la vérité facrifiée au menfonge, le foible victime du puiffant, l'intérêt & l'avarice érigés en idoles, l'ambition envahir les biens de l'orphelin timide fans qu'il ait le droit de fe plaindre ; les calamités publiques groffir à mefure que quelques factieux s'enrichiffent ; les calomnies étouffer le mérite & l'emporter fur la vertu la plus épurée.

Quel moyen trouvez-vous donc le

plus propre, demanda d'Arvigni, pour conserver un état floriffant & tranquille?

C'eft la juftice & le maintien des loix, répondit Philémon. Tant que l'idée primitive du gouvernement a eu lieu à Lacédémone, à Athènes & à Rome, leur puiffance fe foutint & ne reçut aucun choc confidérable. Tant que le luxe & la molleffe joints au defir de s'enrichir, n'eurent point fait perdre aux Romains le goût de la frugalité, & que la pauvreté fut refpectée parmi eux, qu'on ne jugea pas les hommes par l'extérieur, que les fénateurs les plus illuftres & les généraux les plus habiles ne différerent pas des fimples payfans, & qu'ils ne firent paroître d'éclat & de majefté que dans l'exercice de leurs charges, Rome fut la maitreffe de l'univers & mérita le titre de fouveraine des nations.

L'hiftoire de ce peuple belliqueux nous le montre fouvent, allant chercher fes généraux à la charrue, qui après avoir reçu les honneurs du triomphe,

I vj

alloient s'occuper dans leur métairie du foin de labourer & des autres fonctions de la vie ruftique. Tant que la fimplicité regna dans leurs mœurs, ils fe foutinrent ; mais lorfque la corruption s'y fut introduite, ils oublierent que Curius & Fabrice, ces deux grands capitaines qui vainquirent Pyrrhus, n'avoient que de la vaiffelle de terre, & que le premier à qui les Samnites en avoient offert d'or & d'argent, répondit que fon plaifir n'étoit pas d'en avoir, mais de commander à ceux qui en avoient. On voit la haine qu'on avoit alors pour tout ce qui portoit le caractere du luxe ; en effet, ces deux généraux, après avoir triomphé & avoir enrichi la république des dépouilles de fes ennemis, ne laifferent pas de quoi fubvenir aux frais de leurs funérailles. Mummius qui ruina Corinthe, donna une preuve non moins grande de mépris des richeffes & de défintéreffement, voulant que les richeffes de cette ville opulente & voluptueufe ferviffent au profit du public. Auffi la modération & l'innocence des généraux Romains, faisoient alors l'admiration des peuples qu'ils soumettoient à leur puissance.

Ce que je viens de dire, prouve évidemment que l'oubli des loix, le luxe, la mollesse, l'ambition & la débauche, sont les fléaux les plus capables de ruiner les empires.

Ce sont tous ces vices, dit le comte, qui rendent les hommes injustes. Sans cela, dit Philémon, il n'y auroit que des gens honnêtes & vertueux : c'est à ces défauts qu'on doit attacher tous les malheurs du genre humain.

Je croyois, dit d'Arvigni, que le luxe & le faste annonçoient la splendeur d'un royaume ; à vous entendre, généreux mortel, ils en font la perte. Soyez-en persuadé, mon ami, répondit Philémon; sans les mœurs fastueuses des grands, ils seroient moins avides de dominer, & moins injustes. Les mœurs simples rendent les hommes modérés & généreux; jamais le vice ne l'emporte dans leurs cœurs fur la vertu : l'idée avantageufe de l'une détruit néceffairement celle de l'autre.

Pendant que Philémon répondoit aux différentes queftions que l'on lui faifoit, le comte imaginoit un moyen de pouvoir l'attirer dans fon château ; il fentoit toute la difficulté de l'entreprife vis-à-vis de Philémon, qui préféroit toujours fa chaumiere à une demeure plus fomptueufe, ayant appris à méprifer l'opulence depuis fa difgrace ; c'eft ce qui lui faifoit imaginer un moyen auquel il auroit peine à fe refufer. Il lui dit, que pour payer les fervices qu'il lui avoit rendus, il ne fe croyoit pas affez riche ; que tout ce qu'il pourroit lui offrir feroit toujours indigne de fon mérite & de fes vertus ; mais que ne pouvant rien lui offrir qui fût digne de lui, il lui demandoit encore une grace, qui feroit le comble à celles qu'il avoit reçues de lui.

Philémon qui ne s'attendoit pas à ce qu'il vouloit de lui, lui dit qu'il n'avoit qu'à parler, qu'il fe trouveroit encore heureux de lui être utile.

Le comte fe mit alors à fes genoux, pour le fupplier de vouloir bien le fuivre à fon château, ainfi que fa fille; qu'il vouloit partager déformais fa fortune avec lui, trop heureux de pouvoir lui prouver par-là combien il étoit reconnoiffant de fes fervices. Ne me refufez pas cette faveur infigne, difoit le comte, en lui ferrant la main, j'efpere tout tenir de votre générofité; j'efpere, ô mon pere, ô mon libérateur, qu'après m'avoir arraché des bras de la mort, vous ne me refuferez pas la grace d'apprendre à mon fils la maniere de vivre avec diftinction.

Je n'ai rien à vous refufer, mon ami, répondit Philémon, fi mes confeils peuvent être utiles à votre fils, je ne les lui refuferai pas; mais quant à l'afyle que vous m'offrez, je ne puis l'accepter, ma chaumiere eft un palais pour moi, c'eft ce qui convient à ma façon de penfer, & je n'en veux point d'autre. Je ne veux pas d'ailleurs, mon ami, que vous héritiez de la haine de mes ennemis, j'aurois cela à me reprocher, je veux mourir tranquille, fans remords & fans avoir rien à me reprocher. Dieu me confole dans ma cabane, il prend foin de ma vieilleffe & veille fur l'innocence de ma fille, je n'en veux pas davantage. Si votre fils aime le bien, je l'encouragerai de tout mon cœur à le pratiquer & à fuir tout ce qui peut fe reffentir du vice & de la baffeffe. Le comte eut beau faire pour vaincre la réfiftance de Philémon, tous fes efforts furent inutiles, & ils fe féparerent tous trois de lui fans avoir rien obtenu, que des leçons de vertu & de grandeur d'ame.

Le comte s'en retourna défefpéré de n'avoir pu fléchir fon cher libérateur, quoique bien réfolu de tout tenter pour l'engager à accepter fes offres, en attendant qu'il puiffe pourvoir au rétabliffement de fa fortune, & préparer le triomphe de fon mérite & de fa vertu.

CHAPITRE XI.

LA saison avançoit & promettoit une récolte abondante. Philémon & sa fille, regagnant leur chaumiere, se trouvoient encore heureux malgré leur infortune. Philémon en jettant les yeux sur les trésors de la campagne, disoit à sa chere Bélinde, bénissons le ciel, ô ma fille ! il prend pitié de nous, il compatit à nos malheurs en faisant fructifier nos pénibles travaux. Il est bien doux de ne devoir son existence qu'à l'Être suprême, sans la faire dépendre du caprice des autres hommes.

Pendant qu'il s'acheminoit lentement vers sa cabane, tout à coup il vit le ciel se couvrir de nuages. Le comte & nos jeunes gens, venoient de le quitter & ne pouvoient pas être fort éloignés. La chaleur étoit brûlante & insupportable ; le zéphir le plus léger ne s'étoit point fait sentir de la journée, auſſi Philémon avoit-il été fort mal à ſon aiſe. Voyant donc le ciel s'obſcurcir , Bélinde & Philémon furent ſe mettre à l'abri derriere une grange tombant en ruine , qui étoit voiſine du village qu'ils habitoient. Ils y étoient à peine que le ciel parut tout enflammé, des éclairs multipliés ſortirent de toutes parts , & précédoient la foudre qui grondoit d'une maniere effroyable. Un ouragan furieux s'éleve au même inſtant , & fait fondre ſur la terre une pluie ſi forte & ſi violente que les épis furent coupés , & ne laiſſerent plus dans les champs que la paille ; les côteaux ne furent point épargnés dans ce déſaſtre effrayant. Bélinde , à un ſpectacle auſſi déplorable , fondoit en larmes : ah ! mon pere, qu'allons-nous devenir, diſoit-elle , & qu'avons-nous à eſpérer déſormais ? C'eſt maintenant que la mort ſeroit un bonheur pour nous , s'il eſt vrai qu'elle eſt un bien pour les malheureux qui n'ont que la miſere & l'indigence à eſpérer. Philémon de ſon côté , malgré toute sa fermeté sur les événemens de la vie, sentit son courage s'affoiblir : il ne put voir sans une vive émotion tous les biens de la terre perdus en un seul instant : mais bientôt rappellant sa force chancelante, mettons, dit-il, notre confiance dans celui qui éleve & détruit tout, selon sa volonté.

Le désastre fut si grand que tout le canton fut désolé ; il n'y eut pas jusqu'à l'écorce des arbres qui se sentit des fureurs de l'orage. Ainsi l'espérance de toute une année fut moissonnée en un seul instant, sans laisser aucun espoir de rien réchapper. Ce malheur ne tarda pas à se répandre ; tout le domaine du comte avoit subi le même sort. Voyant que tout étoit perdu, & se doutant bien de l'embarras où alloient se trouver Philémon & Bélinde, sans perdre de tems, accompagné de d'Arvigni & Lussan, il se remet en marche & vient à la chaumiere de son ami & de son défenseur.

Il venoit d'y rentrer ; il s'attendoit à

le trouver plongé dans la plus grande
douleur, réduit au défefpoir : mais quelle
fut fa furprife, en voyant le bon Philémon l'aborder avec un front ferein
& d'un air riant, qui annonçoit une
ame tranquille ! Lorfqu'il entra, il l'apperçut confolant fa fille de la maniere
la plus touchante, l'exhortant à mettre fa confiance en Dieu, qui n'abandonne jamais ceux qui ont recours à
lui.

D'Arvigni, jeune homme vertueux
felon le monde, mais très-prévenu en
faveur de l'indifférence qu'on y attache
fur tout ce qui porte le caractere de la
religion, témoigna à Luffan, fon ami,
fa fuprife en voyant la conduite étonnante de Philémon : il étoit étonné de
de l'entendre parler avec tant d'affurance.
Il auroit bien defiré pouvoir favoir de
lui la caufe qui lui faifoit fupporter fes
revers avec un courage auffi héroïque,
mais ce n'étoit pas là l'inftant de lui
demander des leçons de morale, non
plus que de lui faire aucune queftion.

Un motif alors plus intéressant & plus pressant les avoit conduits.

Le comte ne pouvant tenir au spectacle touchant que lui offroit ce héros, se voyant encore sur le point d'échouer dans son entreprise, tombe aux genoux du vieillard en l'arrosant de ses larmes, & le force, pour ainsi dire, à venir partager son rang & sa fortune : Lussan & d'Arvigni ressentent les mêmes transports & se jettent aussi aux pieds de Philémon pour le presser davantage. Ils lui représenterent l'état affreux où il alloit être réduit, n'ayant plus que la faim plus cruelle que le trépas à espérer, par l'événement funeste qui venoit d'arriver. D'Arvigni se relevant & se tournant du côté de Bélinde, qui tenoit la main de son pere, étroitement serrée dans la sienne; rassurez-vous, lui dit-il, digne fille d'un si grand héros, mon pere & moi ne desirons autre chose, si ce n'est de tarir la source de vos larmes. Daignez vous joindre à nous pour nous aider à vaincre la noble résistance du généreux mortel qui vous a donné le jour & qui s'honore de vous avoir pour fille : vos prieres seront plus puissantes que les larmes que nous répandons à ses pieds ; il n'est point d'armes plus sûres que celles de la nature.

Bélinde eut bien de la peine à se rendre à des sollicitations si généreuses & si touchantes. Elle connoissoit la fermeté inflexible de Philémon, c'est là ce qui lui ôtoit tout espoir de le gagner ; cependant elle se joint à eux, & lui représente tout ce qu'un jeune cœur allarmé peut prévoir en pareille circonstance. Philémon vaincu par cette scène attendrissante, ne put tenir contre leurs larmes & leurs prieres ; se sentant étroitement serré entre leurs bras, qui lui servoient en ce moment de chaînes, il s'adresse au comte qui ne cessoit de l'accabler de caresses pour mieux pénétrer son cœur d'une sensibilité que Philémon éprouvoit dans un degré bien supérieur à lui, au moment même où il s'efforçoit de faire passer celle qu'il reſſentoit dans ſon ame ; Philémon s'adreſſe au comte, & lui parle en ces termes.

C'en eſt donc fait, mon ami ! Philémon eſt vaincu, l'amitié dans ſes bras eſt triomphante. Ce ſentiment ſublime pouvoit ſeul balancer mes réſolutions ; je ſens qu'il leur eſt ſupérieur puiſqu'il l'emporte en ce moment. S'il eſt vrai que la véritable grandeur conſiſte à ſoulager les malheureux, vous allez être bien grand ; car la bienfaiſance, mon ami, eſt un titre de nobleſſe pour une ame généreuſe. Vous prétendez m'être redevable d'un bienfait qui fut l'effet de mon devoir ; mais vous voulez le payer au centuple ; en acceptant ce que vous m'offrez, vous allez me rendre bien plus que vous n'avez reçu de moi : ſi j'ai défendu vos jours, ſi je vous ai ſauvé la vie dans une action où vous étiez comme moi, en qualité de défenſeur de la patrie, je n'ai fait en cela que mon devoir, que ce que vous auriez fait à ma place ; rien de plus : vous étiez prêt à succomber sous les coups d'un ennemi acharné à votre perte ; témoin de votre danger, je courus vous défendre ; tout bon soldat en eût fait autant ; vous ne me devez rien, mon ami ; sinon les droits que l'humanité souffrante a sur les ames sensibles. Les bienfaits que vous m'offrez sont purement gratuits, & vous ne me les devez pas : non, non, rien ne vous oblige à pourvoir à ma subsistance, ni à me procurer ainsi qu'à ma fille une vie plus commode : hélas ! le soulagement d'un particulier aux malheurs duquel on compatit, ne soulage point ceux d'une foule d'autres malheureux languissans de misere & dévorés par la faim. Peut-être le bon Bazile, cet homme si vertueux, est-il maintenant réduit à la derniere extrémité & plongé dans la douleur la plus amere ?

Et sa fille, ô mon pere, reprit Bélinde, quelle doit être affligée ! sans doute ils pensent à nous tous les deux. Si avant de quitter cet humble séjour nous pou-

vions

vions au moins les voir & les embraffer.

Non, dit Philémon, je ne quitterai point cette chaumiere honorable, fans avoir vu ce mortel vertueux : fon amitié me fera toujours chere, je ne l'oublierai de ma vie.

Eh bien ! mon ami, reprit le comte, allons le trouver, je ferai charmé de devenir auffi fon ami : l'amitié vertueufe ne fauroit trop avoir de partifans, il eft malheureux qu'elle faffe fi peu de profélites : je veux que ma demeure devienne fon temple. Venez donc, mes amis, & vous, vertueufe mortelle, fuivez-nous ; pour vous, grand homme dont la poftérité fera l'éloge, daignez nous conduire, ou nous indiquer la demeure de cet ami fur le fort duquel vous répandez des pleurs, je veux que l'amitié nous réuniffe enfemble. Si vous comptez pour rien la vie que je vous dois, pour moi je regarde votre infortune comme un bonheur, fi toutefois je fuis à même de

K

m'acquitter envers vous d'un bienfait que rien ne peut payer.

Philémon quitte donc sa cabane, & se met en marche pour aller trouver le bon Bazile, accompagné de sa fille, du comte & des deux jeunes seigneurs. Philémon & Bélinde jettoient de tems en tems les yeux sur leur cabane, & ne pouvoient s'empêcher de regretter ce simple toît, asyle de l'innocence. Ils n'étoient qu'à deux pas de la chaumiere du bon Bazile, quand Bélinde apperçut la jeune Elmire son amie, qui faisoit rentrer le troupeau de son pere; elle court vîte à elle pour lui demander où étoit son pere.

Il n'est pas à la maison, répondit-elle avec simplicité, il est depuis deux heures dans les champs. Le comte & Philémon s'étant approchés d'elle, lui dirent, menez-nous à l'endroit où il est, car nous venons exprès pour le voir. Il n'est pas éloigné, il est à labourer un petit coin de terre derriere ces buisfons que vous voyez là-bas ; il ne tardera fûrement pas à revenir, car l'heure eft déja paffée où il a coutume de rentrer ; probablement qu'il aura voulu finir aujourd'hui de le labourer, afin de pouvoir travailler à autre chofe. L'orage qui vient de ravager tout ce canton, l'aura fans doute retardé, donnez-vous la peine d'attendre un moment.

Non, mon enfant, reprit le comte ; ce que nous avons à lui dire ne peut fe différer ; venez avec nous, & conduifez-nous à l'endroit où il eft. Elmire obéit, & conduit ce refpectable cortege à la charrue du bon Bazile. Philémon du plus loin qu'il apperçut fon ami, redoubla le pas fans s'en appercevoir ; tant il eft vrai que l'amitié donne des aîles à ceux qu'elle enflamme de fon feu divin ! Quel fpectacle attendriffant, que celui de deux vieillards livrés aux tranfports d'une amitié formée dans le fein de l'infortune !

O amitié, amitié ! que tes charmes font puiffans fur les cœurs fenfibles, &

que les larmes que tu fais répandre sont délicieuses & consolantes ! Que je vous porte envie, mortels vertueux ! hélas ! que votre sort est doux malgré toute sa rigueur ! plus heureux que les riches voluptueux du siecle, qui au milieu de leurs trésors ont l'esprit tourmenté & le cœur déchiré de mille remords : vous goûtez sous les tristes lambris de l'indigence, une félicité pure dont ils ignorent la céleste jouissance. Homme vertueux, dit le comte, s'adressant à Bazile, car vous ne pouvez être un mortel ordinaire étant l'ami de l'illustre Philémon, je viens ainsi que votre ami & mes enfans, vous soustraire à la faim qui vous menace. Le ciel vient de désoler vos champs, je veux autant qu'il sera en mon pouvoir, vous dédommager de ce que vous perdez ; quittez votre charrue & daignez m'accompagner avec mon bienfaiteur, mon pere, en un mot celui à qui je dois une seconde vie : je suis ambitieux de partager votre cœur, puissé-je en être digne à vos yeux!

ne balancez pas ; je ferai pourvoir au foin de votre troupeau, & à la culture de votre petit domaine, rien de ce qui vous appartient ne fera négligé.

Laiſſez, croyez-en mon pere, reprit d'Arvigni, l'état obſcur dans lequel vous menez une vie dure & languiſ-ſante.

Que dites-vous, jeune homme, reprit vivement Bazile ? mon état n'eſt point obſcur, c'eſt le plus utile à l'état, & celui qui fut jadis le plus en honneur chez les nations les plus floriſſantes. Tant que la providence ſeconde les tra-vaux du cultivateur, tout eſt dans l'abon-dance, à moins que les hommes ne faſſent ſervir les bienfaits du ciel à un trafic déſaſtreux, qui fait naître la diſette au ſein de la fertilité. Le laboureur avec du pain, vit content, travaille avec cou-rage, & fait ſubſiſter ſa famille : il eſt vrai que dans ce ſiecle orgueilleux, où l'on ne ſait preſque plus rien apprécier, l'occupation de cultiver la terre eſt un état bien moins honoré qu'honorable,

K iij

femblable à celui du foldat que l'on regarde à peine. Pour moi, je me fais un honneur de marcher fur les traces des généraux de Rome, fans néanmoins prétendre à leur gloire, ni afpirer aux lauriers dont ils venoient fe débarraffer en reprenant le foc de la charrue, pour voler au fecours de la patrie, qui réclamoit au befoin leurs fervices militaires.

Sans aller chercher au loin des exemples, n'a-t-on pas vu il y a quelques années un jeune prince tirer vanité de foulever le foc & tracer adroitement un fillon, dont la direction étoit merveilleufe. Peut-être regardera-t-on ce trait comme une fable parmi nous dont les mœurs font fi dégénérées ; mais il n'en eft pas moins véritable. Sans doute, mon ami, ce trait va vous convaincre qu'il n'eft pas befoin de recourir à l'ancienne Rome, pour voir des mains auguftes manier la charrue. L'héritier préfomptif de la couronne, aujourd'hui notre fouverain, fut celui qui donna, non loin de ces lieux , à la nation Françoise, ce spectacle aussi sublime qu'intéressant.

Ce prince, après avoir examiné quelque tems un laboureur qui conduisoit sa charrue, demanda à la conduire lui-même ; ce qu'il exécuta avec tant de force & d'habileté , que le laboureur aussi bien que tous ceux qui en furent témoins, fut étonné de la profondeur du sillon & de la justesse de sa direction (1). Jugez d'après cela, mon ami,

---

(1) Voici des vers qui furent présentés à ce prince à cette occasion.

Mortels infortunés, & chéris à la fois,
Utiles citoyens qui nourrissez les rois,
Que l'allégresse enfin succede à vos allarmes,
Vous ne tremperez plus les sillons de vos larmes.
J'ai vu du bon *Henri* le jeune rejetton,
Héritier de son cœur & digne de son nom,
Dans nos champs étonnés, essayant son courage,
Soulever la charrue, & fier de son ouvrage,
Tracer un dur sillon de cette même main
Qui doit porter le sceptre & regler le destin....
On verra donc un jour, au Temple de mémoire,
Un roi cultivateur, un prince dont la gloire
N'aura point épuisé le sang de ses sujets,
Qui n'aura rien conquis qu'à force de bienfaits ;
Il aura pour appui, Cerès, & non Bellone ;

K iv

ſi mon état eſt ſi obſcur & ſi indifférent que vous vous l'êtes juſqu'ici imaginé. Si les ſouverains & les grands hommes de l'antiquité ont eu une ſi grande eſtime pour l'agriculture, jugez d'après eux, de l'eſtime que l'on doit avoir pour tous ces arts, ordinairement expoſés au mépris des ames baſſes. Ce ſont eux qui méritent véritablement la protection des ſouverains, ſi l'on conſidere leur but & leur utilité. On ne ſauroit trop payer les travaux des gens de campagnes, ni trop reſpecter les tréſors que leurs ſueurs font naître ſur la terre, aidées des faveurs du ciel. Il y a malheureuſement tant de gens qui les comptent pour rien, & qui

---

Pour ſceptre un *Olivier*, ſes vertus pour couronne,
L'airain n'offrira pas aux yeux épouvantés,
D'attributs teints de ſang, de rebelles domptés,
De captifs enchaînés une foule éperdue ;
Mais des gerbes, des ſocs, une ſimple charrue.
D'utiles laboureurs & de bons payſans,
Et leurs chaſtes moitiés & leurs nombreux enfans,
Tout un peuple à genoux béniſſant ſa mémoire,
Embraſſant ſa ſtatue, & la France à ſa gloire,
Au lieu d'éloges vains, de titres faſtueux,
Y gravant ces ſeuls mots : *il les rendit heureux.*

pour contenter un caprice paffager ne
fe font point de peine de ravager un
champ qui a coûté bien des travaux &
des fatigues à façonner, pour peu que
fa fituation porte obftacle à leurs plaifirs.

Voici un exemple du ménagement
que l'on doit avoir pour les productions
de la terre ; ce trait n'eft pas moins
intéreffant que celui qui le précede,
il fort de la même fource & mérite
d'être cité. En 1767, Mgr. le Dauphin
fuivoit en caroffe avec les princes, le
monarque qui depuis a fait couler les
larmes des François, par la mort qui
le leur a ravi. La voiture du jeune prince
étoit fort éloignée des chaffeurs, lorfque
tout à coup on entendit fonner la mort
du cerf : on pouvoit abréger le chemin,
en paffant à travers un champ couvert
de bled prefque mûr ; le cocher croyant
bien faire, entre dans le champ ; Mgr.
le Dauphin s'appercevant du dommage
qu'alloit caufer fa voiture, fe précipi-
tant à la portiere ; *arrête, dit-il, ne
fais-tu pas que ce bled ne nous appar-*

K v

tient pas ; il ne nous est pas permis de le fouler. L'endommager feroit manquer au ciel , outrager la nature & les hommes. Un de ses augustes freres (1), témoin de cet exemple de modération, ne put s'empêcher de s'écrier : ah ! que la France est heureuse d'avoir un prince si rempli de justice ! C'est maintenant qu'elle peut s'écrier plus que jamais, qu'elle est infiniment heureuse en voyant sur le trône un prince juste & sage ; son ivresse ne peut que s'accroître, & son bonheur être durable en lui connoissant des freres qui sauront l'imiter, puisqu'ils savent lui applaudir.

Le bon Bazile profita de la circonstance , pour donner en passant cette éloquente leçon au jeune homme qui en fit son profit.

Le comte impatient de posséder ces deux héros, pressa le départ & voulut que la compagne de Bélinde les suivît aussi. Ainsi sans donner le tems ni à

____

(1) Mgr. le comte d'Artois , frere du Roi.

l'un ni à l'autre de faire aucune réflexion, il se met en marche avec eux, & gagne le plus promptement possible le château d'Orval. Il y reçut ses hôtes respectables avec une joie inexprimable. Philémon sur-tout, en voyant tout ce qui appartenoit au comte, l'environner, s'applaudir de le posséder en lui rendant hommage ; c'étoit l'auguste image d'un monarque puissant adoré de son peuple.

Cependant Bélinde au milieu de tous ces transports ne pouvoit s'empêcher de répandre des larmes. Une fatale expérience lui avoit appris à redouter les jeux de la fortune, qui vous carresse un instant, pour vous porter des coups plus sûrs. D'Arvigni faisoit tout son possible pour la consoler & pour faire luire dans son ame un rayon d'espérance & de joie ; mais ses efforts furent long-tems infructueux. Ce changement subit allarmoit son cœur ; l'espoir qui sembloit lui sourire étoit un nouvel aliment à sa douleur : un souvenir cruel la déchiroit malgré elle, sur-tout lorsqu'elle

K vj

fe figuroit le tableau de la difgrace de fon pere & toute fa grandeur éclipfée. Elle ne pouvoit voir non plus, fans être pénétrée d'une indignation fecrette, un vieillard augufte & vénérable, l'honneur de fa patrie, réduit à recevoir des fecours étrangers. O fortune bizarre, difoit-elle, que tes coups font funeftes, & tes caprices dangereux !

Le comte, à l'afpect de fes nouveaux hôtes, ne favoit comment exprimer l'ivreffe de fon ame. Philémon n'étoit touché que de la fenfibilité du comte & non de l'opulence qui brilloit autour de fa perfonne. Bazile de fon côté, ainfi que fa fille, béniffoient le ciel qui leur avoit procuré un mortel auffi généreux que le comte, pour les aider à fubfifter.

Bélinde que l'idée feule de fon pere occupoit, reffentoit toujours une certaine amertume, malgré toutes les attentions du comte : heureufement tous ces nuages de trifteffe fe diffiperent bientôt, pour lui faire chérir à jamais

la bienfaisance du maître du château, &
reconnoître les décrets éternels d'une providence qui ne délaisse jamais les ames
vertueuses, & qui, si elle les soumet
quelquefois à la fureur des méchans,
ce n'est que pour préparer à la vertu
dont elles sont le sanctuaire, un triomphe véritablement digne d'elle, & punir
ses oppresseurs : c'est ce que justifiera la
suite de cette histoire.

Le jour donc où Philémon reçut un
asyle dans le palais de l'amitié reconnoissante, fut, comme je l'ai déja dit,
un jour de deuil & de tristesse ; de
tems en tems il poussoit des soupirs.
Le luxe lui blessoit la vue & lui faisoit
regretter son toît de chaume ; les su-
perfluités de l'opulence, les soins importuns d'une vie commode, étoient
autant d'entraves pour lui ; l'adversité
lui avoit fait perdre toute idée de mollesse. Le soir même de son arrivée, le
comte qui selon lui, touchoit à l'épo-
que la plus glorieuse de sa vie, s'em-
pressa de célébrer par un festin splen-

dide, le triomphe que la reconnoif-
fance & l'amitié venoient de lui procurer. Il fe mit à côté de Philémon, & fit mettre le bon Bazile à fa gauche, afin de les poſſéder également tous les deux. Parmi la multitude des mets qui furent fervis fur la table, Philémon s'attacha particuliérement à un plat de légume, fans toucher à aucune des viandes qui auroient pu flatter quelqu'un moins ami de la frugalité. Bazile fuivit fon exemple. Le comte étonné, voulant preſſer le héros de manger quelque chofe de plus délicat, il le refufa conſtamment, en difant, n'eſt-ce pas aſſez, mon ami, que vous me donniez l'hofpitalité, ainfi qu'à ma fille & au bon Bazile ? puifque vous voulez nous empêcher de fubir les horreurs de la faim, nous fommes trop heureux ! Je ne fuis pas changé en changeant de demeure ; une cabane, un palais, font à-peu-près la même chofe à mes yeux : ce font les hommes qui font l'ornement des demeures. Un fcélérat fous

des lambris dorés n'en est pas moins
scélérat ; de même un homme vertueux,
sous les haillons de la pauvreté, &
vivant sous un simple toît, n'est pas
moins digne des hommages des mortels :
c'est ainsi que je pense : ne soyez donc
plus étonné si je ne suis pas plus sensuel ici que dans la chaumiere dont
vous venez de me tirer ; je n'ai jamais
oublié la maniere de vivre de Fabrice :
son repas ordinaire est celui qui me
plaît davantage ; je me fais honneur de
l'imiter en cela.

Le comte pendant tout le repas eut
sujet d'admirer l'héroïfme de Philémon.
Il eut devant les yeux le tableau frappant de la vertu, & reconnut pour la
premiere fois, que l'extrême vertu
dans l'extrême malheur, peut habiter
dans l'ame d'un héros. Chaque parole
de Philémon pénétroit son cœur, &
lui causoit une impression manifeste.
Lorsque chacun eut pris une nourriture
suffisante, on fut se livrer au sommeil.

Philémon accablé de fatigues, alla se repofer jufqu'au lendemain matin, après avoir embraffé fon ami Bazile, ainfi que le comte fon bienfaiteur.

CHAPITRE XII.

LE soleil commençoit à peine à répandre ses premiers rayons, lorsque le héros se leva : après, selon son usage, avoir rendu ses hommages au créateur, il alla se promener dans le parc dont les allées sombres & profondes inspiroient une espece de mélancolie délicieuse. Il n'y fut pas plutôt, que d'Arvigni & Lussan furent l'y trouver, après l'avoir vainement cherché dans le château. Un vent léger agitoit le feuillage des arbres, & la sérénité du ciel promettoit une matinée agréable. Ils trouverent Philémon assis sous un vieux chêne, remerciant l'éternel des faveurs dont il le combloit au milieu de ses malheurs. Ils profiterent de l'occasion pour lui demander quelques éclaircissemens relatifs à la religion, à l'existence de l'Être suprême, & sur la nécessité du culte qui lui est dû. D'Arvigni fut celui

qui entama la matiere. Respectable vieillard, daignez nous dire s'il vous plaît
quelle est la véritable religion ?

La religion dont il s'agit, mes enfans,
est un miracle de la puissance divine :
elle est fondée sur l'union & la paix,
elle en est l'ame, & ses préceptes malgré
le rigorisme qu'ils vous présentent font
établis pour mettre le dernier sceau au
bonheur du genre humain. Toute religion qui pour faire des prosélites emploie
la flamme & le fer, & qui tourmente
les humains pour établir son empire,
n'est point celle de Dieu, je vous l'ai
déja dit, mais un détestable fruit de
l'égarement de la raison & des passions
humaines. Dieu est ami de la paix, &
par conséquent ennemi du désordre.

Mais, quelles font donc les armes de
cette religion, demanda Lussan ?

Elle n'en a point de plus puissantes,
dit Philémon, que celles de la foi, aidée
de la persuasion, de la vérité qui porte
sa clarté jusqu'au fond du cœur, & de
tous les avantages qu'elle découvre. Par

exemple, tout ne vous dit-il pas dans la nature, qu'il y a un Être suprême ? Pour moi, tout concourt à m'en convaincre. La vérité jointe à l'évidence éclaire mon cœur, je n'ai pas besoin de révélation pour croire à ce que ma raison seule me dicte & me démontre ; mais cela n'est pas suffisant, autrement les payens qui ont été convaincus de cette vérité, au milieu du culte qu'ils rendoient à leurs idoles, auroient droit au bonheur de l'autre vie. L'histoire nous en fournit plusieurs, qui non-seulement ne se sont pas contentés de le penser, mais même qui ont écrit sur ce sujet d'une maniere très-persuasive & très-convaincante. Le philosophe Seneque, quoique esclave d'un culte grossier, Cicéron vivant au milieu de ses dieux pénates, Caton si vanté par sa sagesse, ont tous reconnu cette vérité ; mais cela seul ne peut & n'a pas pu opérer leur salut ; penser autrement, ce seroit vouloir aller contre tous les principes reconnus.

Mais pourquoi les damner, demanda d'Arvigni ? je ne vois rien qui m'oblige de croire à leur perte ; ne vaut-il pas mieux espérer en la miséricorde d'un Dieu qui a pu leur faire grace ?

Non, dit Philémon, si ce n'est par un miracle dans l'ordre surnaturel, & je ne vois rien qui puisse engager personne à croire que Dieu ait jamais pu aller contre les décrets ordinaires de sa justice.

Si chaque peuple, reprit Lussan, prétend que sa religion est bonne, à laquelle donc doit-on donner la préférence ?

A celle, dit Philémon, qui se rapproche le plus de la divinité. Or, celle qui s'en rapproche davantage est la religion chrétienne ; donc c'est celle-là que vous devez croire.

Chaque peuple en particulier a une religion & un culte opposés, & cependant une seule est la bonne, comment pourra-t-on prouver que telle ou telle est préférable à une autre ? *Dans les espaces immenses de l'erreur, la vérité n'est qu'un point : qui l'a saisi ce point unique ? Chacun prétend que c'est lui ; mais sur quelle preuve ?*

Sur quelle preuve, mon ami, dit Philémon ? L'autorité de la révélation, n'est-ce donc rien ? Celle de toute la tradition, des milliers de martyrs égorgés pour la défense de la foi, sont-ce là des titres équivoques. L'accomplissement de toutes les prophéties, n'est-ce pas là une preuve évidente en faveur du christianisme ? Interrogez toutes les sectes différentes vouées à l'idolâtrie, demandez-leur de semblables preuves de leur croyance, après cela vous verrez si votre demande a l'ombre du fondement. La persuasion doit venir du ciel, elle est où doit être victorieuse ; tout ce qui vient des hommes n'a que le droit de la raison sur la raison, & par conséquent est sujet à l'erreur, j'en conviens avec vous ; mais ce caractere n'est pas celui de la religion dont je vous entretiens, puisque son origine est prise dans la divinité même qui en a jetté les fondemens pour rectifier ce que la religion naturelle avoit de défectueux, ou plutôt pour en faire le complément parfait.

La foi est un flambeau brillant à la lueur duquel on ne peut jamais s'égarer ; il n'en est pas ainsi de celui qui est allumé par l'esprit de système.

Mais, dit d'Arvigni, puisque chaque homme répond de son ame, ne doit-on pas, ce me semble, le laisser libre dans sa croyance ? Il est de l'intérêt de chacun d'eux de choisir ce qui peut ou les sauver ou les perdre.

Je ne prétends point, dit Philémon, qu'on doive asservir la pensée, à dieu ne plaise ; d'ailleurs, si cela étoit possible, que penser d'un sacrifice arraché par contrainte ? Dieu n'en seroit pas glorifié ; & ce seroit une tyrannie infructueuse.

L'homme est libre, sur-tout quant à la façon de penser, à laquelle la religion peut seule commander.

Tous les hommes ont le droit de penser d'une maniere ou d'une autre; tant pis pour ceux qui s'aveuglent ou qui cherchent à se tromper.

Mais voulez-vous savoir, mes amis, pourquoi il y a tant de religions différentes ? C'est que les passions trouvent un appui dans l'erreur qui les autorise; tous les sens, tous les intérêts, toutes les passions combattent en faveur de l'idolâtrie. On aime tout ce qui peut flatter le cœur; on s'étudie à chercher de quoi pouvoir autoriser les plaisirs, & favoriser la dissolution : la licence des mœurs trouve un appui dans l'impiété; le cœur se révolte par l'idée seule d'une religion qui contredit tous les penchans de la nature.

Comment accoutumer des esprits perdus aux regles austeres d'une religion semblable à celle dont vous nous parlez, dit Lussan ? Elle me semble ennemie du genre humain; car à vous entendre, bon vieillard, elle déclare une guerre continuelle à l'homme.

Vous ne m'entendez pas, dit Philémon, ma religion eſt l'amie des hommes,
mais elle proſcrit les vices de ſon cœur;
elle commande les vertus, afin d'inſpirer
de l'horreur pour les crimes : elle s'op-
poſe aux plaiſirs des ſens, en même-
tems qu'elle autoriſe ceux qui ſont
légitimes. Si les eſprits étoient moins
prévenus & les cœurs moins corrompus, la religion auroit plus de partiſans,
& l'eſprit de ſyſtême, qui fait le caractere diſtinctif de mon ſiecle, feroit moins
de progrès : on ne verroit pas ſon
poiſon s'inſinuer dans tous les cœurs,
& les infecter d'un venin ſi dangereux.

Si la morale d'une religion qui s'op-
poſe aux penchans d'une nature portée
au mal, eſt ſouvent incommode & in-
ſupportable, c'eſt principalement pour
un homme qui veut jouir en paix du fruit
de ſes injuſtices.

Mais ne pourroit-on pas, dit d'Arvigni, s'oppoſer aux progrès de l'idolâtrie ? Par exemple, un prince dans ſes

états

états ne pourroit-il pas exiger l'unité de culte & de croyance ?

Cela est possible , dit Philémon , quant à l'extérieur ; mais ce n'est pas encore sans s'exposer à beaucoup d'inconvéniens & courir beaucoup de dangers.

Il y a un esprit de tolérance que la religion même ne peut empêcher dans un état , vu qu'il est nécessaire au bon ordre & à la tranquillité publique : ainsi une croyance opposée à la religion dominante d'un état doit être libre , par la raison que je viens de citer ; mais pour la rendre odieuse , un prince en pareille occasion n'a pas d'armes plus puissantes, que son exemple : c'est principalement sur le souverain que le peuple a les yeux ouverts, c'est sur lui qu'il cherche à se modeler. On doit tâcher de gagner les esprits par douceur , sans jamais user de contrainte : Dieu veut des adorateurs , & non des esclaves : on ne vient jamais à bout de vaincre les esprits rebelles par la violence , sur-tout en matiere de

L

religion : il vaut donc mieux employer la force de la perſuaſion que d'uſer de ri-gueur.

Vouloir forcer des hommes à em-braſſer une religion plutôt qu'une autre, ce feroit vouloir allumer des guerres ſanglantes : Dieu eſt un Dieu de paix, il réprouve les autels ſouillés de ſang. Perſonne n'ignore à quel degré le fana-tiſme pouſſe ſa fureur & ſa rage : c'eſt déja trop des paſſions humaines pour troubler les empires, il n'eſt pas beſoin que le fanatiſme y vienne encore agiter ſes flambeaux & troubler le calme de la vraie religion.

Je ne conçois pas, dit Luſſan, quelle eſt la manie de la plupart de ces hommes qui cherchant à s'aveugler, reſiſtent à l'évidence qui réſulte de vos principes ; cela m'étonne d'autant plus que vous dites que la vérité brille devant leurs yeux : c'eſt donc aimer l'erreur pour le plaiſir de s'abuſer, ou de ſe mettre du nombre des gens de ce qu'on appelle dans le monde *eſprits forts.*

Dites très-foibles & très-méchans, mon ami, reprit Philémon; ce sont des hommes qui par leurs raisonnemens sophistiques se creusent eux-mêmes le précipice affreux qui doit un jour les engloutir; cet aveuglement des hommes ne doit pas vous étonner, c'est qu'ils croyent en s'opposant aux vérités les mieux établies pour s'appuyer sur des raisonnemens captieux & sans principes, acquérir le droit de contenter leurs passions.

L'irréligion est un des fruits le plus pernicieux de l'égarement de la raison : en voulant raisonner à son gré, sur tout ce que l'esprit humain ne peut concevoir, on s'egare; qu'arrive-t-il delà ? la raison s'embrouille, & la passion est triomphante : triomphe malheureux, qui fait l'opprobre de ceux qui en affichent les lauriers !

On voudroit aujourd'hui qu'un nouveau législateur parût, & que ses apôtres érigeassent le vice & l'impiété en idoles; delà ce renversement du bon sens, &

L ij

ce délire effrayant de la raison. Plus on veut convaincre les impies, plus ils s'endurciffent dans le crime.

L'efprit faux & féducteur d'une philofophie impofante, obfcurcit le flambeau de la vérité : l'efprit fublime de nos efprits modernes, efpece de calamité réfervée au dix-feptiéme fiecle, enfante tous les jours, par une fécondité funefte, une foule de productions hardies & féduifantes, qui font voler à grands pas leurs auteurs vers la célébrité. Le vrai talent eft de favoir couvrir les précipices de fleurs, afin que chacun puiffe s'y jetter avec fécurité. Il faut fe mettre à la mode, & pour cela il ne faut plus rien croire, fouler tout aux pieds, parce que c'eft l'efprit du fiecle, & celui des fociétés brillantes.

Méfiez-vous donc, mes amis, de ce pitoyable efprit de fyftême qui regne fi fort aujourd'hui dans le monde, & c'eft celui auquel on s'attache le plus volontiers à votre âge ; fa morale rafinée ne tend à rien moins qu'à la deftruction des mœurs : il y a tout à redouter dans le monde pour un cœur honnête & vertueux ; tout y conspire à la fois contre son innocence. Que ne peut d'abord l'appât des plaisirs, & le pouvoir du mauvais exemple ? C'est un torrent qui entraîne tout par sa rapidité ; il séduit & corrompt tout. La vertu dans le monde est mise à l'épreuve en mille façons différentes ; c'est à qui lui livrera plus d'assauts : le premier pas qu'on y fait, est le plus dangereux ; au premier coup d'œil, qu'y voit-on ? l'étendard du vice & de l'impiété arboré de toutes parts ; mille piéges tendus à l'inexpérience. L'homme jaloux de ses devoirs y est regardé comme un hypocrite, ou du moins comme un esprit foible & à charge à la société : à chaque pas qu'il fait il rencontre des ennemis cruels ; il semble que le vice soit pour ainsi dire aux aguets pour faire des prosélites. Un jeune homme ébloui de la pompe qu'il étale à ses yeux, croit que tout ce qui l'environne lui sourit, quand tout concourt à le perdre. L'artifice & la fraude se donnent mutuellement la main pour abuſer de ſa crédulité; le premier coloſſe qui ſe préſente à lui, eſt celui de l'impiété, qui d'abord tâche d'étouffer en lui tout ſcrupule pour mieux parvenir à ſes fins; d'après cela, il lui repréſente la religion comme une *fable néceſſaire*, inventée pour amuſer le peuple imbécille, les vérités les plus avérés & les plus frappantes, comme autant de chimeres phantaſtiques, l'hommage rendu à Dieu, comme un ouvrage de politique merveilleuſement trouvé pour en impoſer aux ſcélérats, l'incrédulité, comme une vertu du ſiecle. La ſcélérateſſe va même juſqu'à s'arroger le droit de lancer le ſarcaſme & l'ironie ſur ce qu'il y a de plus reſpectable parmi les hommes. On voit bien que Philémon veut parler ici de la religion. Les ſophiſmes, les paradoxes, les faux raiſonnemens, en un mot, toutes les ſubtilités de la mauvaiſe foi, ſervent à compoſer le vernis odieux que l'on

veut répandre fur elle : précautions inutiles, puifqu'elle n'en eft que plus belle,
loin de perdre de fon éclat.

Hélas ! de quels excès ne font donc
pas coupables tous ces génies fupérieurs,
pour la plupart éblouis du vain éclat
d'un fuccès paffager ? L'impiété de ces
nouveaux *Titans*, plus téméraires &
plus hardis que ceux de la fable, ofent
tous les jours, la main armée de vains
fophifmes, concevoir le déteftable projet
d'abolir une religion qui porte l'empreinte de la main divine qui en a jetté
les fondemens : d'une religion à laquelle
n'ont pu donner la moindre atteinte
depuis fon origine, ni les vives & con-
tinuelles attaques du vice, ni la lâcheté
de fes fectateurs infideles, ni la fureur
des tyrans armés des plus cruels fuppli-
ces, ni toutes les rufes de la malignité,
ni les traits de l'envie, ni les révoltes
de l'amour-propre, ni les fubtilités d'une
raifon orgueilleufe, toujours humiliée,
toujours confondue par la force victorieufe des preuves dont on l'a terraffée,

ni tous les efforts de la puissance la plus formidable, de Rome maitresse du monde, de Rome idolâtre & jalouse à l'excès de ses dieux & de sa liberté, & qui sans le savoir, n'étendoit sa domination sur les débris des plus grands Empires, détruits & renversés les uns sur les autres, que pour faire briller avec plus d'éclat la gloire des triomphes de cette fille du ciel, lorsqu'elle viendroit à son tour élever son trône sur les ruines de la grandeur Romaine.

Ce n'est plus comme autrefois, sous le masque, que l'impiété se montre au grand jour; c'est à découvert, c'est le front levé, qu'elle ose paroître dans des ouvrages, seuls capables de déshonorer le siecle qui les voit naître. Avec quelle audace ne va-t-elle pas jusques au pied du trône de l'éternel, jouer le vrai mérite dans la personne de ces héros chrétiens, que la vertu y a élevés, & que la piété y révére!

Malgré la nécessité d'un réparateur constatée par tant de preuves, ces esprits tranfcendans n'ofent-ils pas infulter dans leurs écrits la foi conftante de dix-huit fiecles, qui reconnoît & adore un Dieu fait homme pour la rédemption du genre humain ? Efprits fuperbes, qui devroient, même par orgueil, fi jamais la paffion pouvoit raifonner, fe montrer les premiers adorateurs d'un myftere, qui non-feulement répare tous les malheurs de l'humanité dégradée, mais qui l'éleve au plus haut point de grandeur, en l'alliant à la divinité même !

Efprits follement préfomptueux, qui, dans le tems même que de pitoyables écarts & des chûtes groffieres dans les routes les plus connues de la raifon, annoncent par-tout l'infuffifance de leurs lumieres, ofent nous offrir leur raifon pour guide dans les voies même de l'Eternel !

Efprits baffement fublimes, qui pouvant élever leurs defirs jufqu'aux cieux, & partager avec le maître du monde fon bonheur & fa gloire dans le temple de l'éternité, fe renferment dans la fphere terreſtre, où ils ne ceſſent de ſacrifier à une fauſſe idée d'immortalité, dans un vain *temple de mémoire*, fondé par les mains de l'orgueil ſur les frêles appuis de l'imagination !

Eſprits mille fois plus coupables que les criminels que la juſtice immole à la ſûreté publique ; puiſqu'ils nous atta-quent par ce que nous avons de plus cher & de plus ſacré, les mœurs & la religion ! Les impies & les ſcélérats de profeſſion ſont bien moins redoutables ; ils ne portent la contagion que dans les lieux qu'ils habitent : au lieu que l'im-primerie qui ne devroit ſervir qu'au triomphe de la vertu & de la vérité, multiplie un indigne auteur en autant de fléaux qu'elle répand de volumes de ſes ouvrages : par ce moyen il n'eſt point de lieu dans le monde où l'impiété ne pénetre ; l'innocence a beau ſe renfermer dans des aſyles reſpectables entourés de remparts ſacrés qui ſemblent les garantir de l'ennemi, l'erreur & le vice parés par une main ſacrilége, de toutes les graces de l'expreſſion & du ſtyle, y vont faire briller & ſouvent triompher leurs appas ſéducteurs, & ſe jouer par-là même des projets les plus ſages & les mieux concertés.

O mortels ! conduits par la paſſion qui vous domine ; vous qui devriez faire la gloire du monde en même-tems que vous en faites l'ornement, votre eſprit ſera-t-il donc toujours enchaîné au char du vice, de l'erreur & de l'impiété, pour ſervir à leur triomphe ? ce n'étoit pas pour ce honteux uſage que le ciel l'avoit orné de tant d'agrémens, mais pour donner un coloris gracieux à vos connoiſſances. O beaux arts, ô belles-lettres ! puiſſent nos neveux, en rougiſ-ſant pour tant d'auteurs apôtres du libertinage, qui fait l'opprobre de nôtre ſiecle, ignorer les triſtes ravages que vous occaſionnez tous les jours parmi nous ! Que ne peuvent-ils ignorer qu'une floriſſante jeuneſſe, la plus belle portion de l'état & ſon plus doux eſpoir, mal-heureuſement ſéduite par vos charmes,

L vj

eſt encore la dupe de l'erreur & des vices que vous voilez, & qu'elle n'a pas honte de ſacrifier ſes lumieres à la raiſon d'un homme comme eux, à une raiſon ſophiſtique, à une raiſon qui s'égare ſans ceſſe dans les ſentiers ténébreux où la préſomption l'a jettée !

Que dira donc de vous la poſtérité, auteurs célébres de tant de maux ? vous, qui triomphez en les apprenant, & qui meſurez la gloire de vos triomphes par le rang & le nombre de ceux que vous ſéduiſez, que prétendez-vous d'elle encore un coup, & que voulez-vous qu'elle penſe ſur votre compte ? Mais, vous-même, c'eſt vous qu'il faut interroger, que prétendez-vous ? Prouver aux honnêtes gens que la religion qu'ils profeſſent n'eſt pas la bonne ? Vous en êtes donc vous-mêmes bien convaincus ? Vous voulez donc que nous ſoyons à notre tour bien perſuadés que votre conviction eſt entiere, pleine, parfaite, & ſans le moindre doute ? car ce ſeroit le comble de la folie de douter, & cependant de

se décider sur la matiere la plus intéressante ; on doit donc vous croire à
cet égard dans une parfaite tranquillité ?
La religion que vous attaquez est donc
vraie : cette conséquence vous étonne !
voici ma preuve.

Je crois ma religion très-bonne, &
je m'y attache, parce qu'il ne me paroît
pas possible que cette religion soit mauvaise, qui me donne de Dieu la plus
haute idée qu'il soit possible d'en concevoir; qui lui rend la gloire seule digne
de lui ; qui l'honore par l'acte le plus
agréable à la divinité ; le sacrifice, &
le sacrifice le plus parfait ; qui donne
à l'homme la fin la plus glorieuse & la
plus consolante pour lui, & la plus
digne d'un Dieu ; qui ordonne la pratique de toutes les vertus & la fuite de
tous les vices; qui ne fait qu'une famille
de tout le genre humain, qui unit tous
les hommes par les liens d'une amitié
fraternelle, par le commerce mutuel de
toutes sortes de bons offices, & par le
pardon des offenses; qui ouvre la source

de tous les biens , par la paix & le travail qu'elle ordonne , & qui établit entre Dieu & l'homme un enchaîne-ment continuel de graces & de prieres.

Cette religion a des mysteres , sans doute ; mais peut-on concevoir l'idée d'un Dieu & d'une religion sans mys-teres ? Malheur à l'homme qui com-prend tout , & qui veut tout compren-dre dans la religion qu'il professe. Pour avoir voulu rendre la religion toute sensible , le paganisme l'a défigurée , & pour avoir voulu la mettre au niveau de la raison , & la lui assujettir , il en a fait un monstrueux mêlange de divin & d'humain , de sacré & de profane , de spirituel & de matériel : enfin , il en a fait une religion toute humaine , en ne voyant plus d'autres attributs dans la divinité que ceux de l'humanité. Que dis-je ? il l'a toute matérialisée , toute corrompue , toute abrutie , en faisant non-seulement de dieux hommes , mais des dieux impudiques , mais des dieux scélérats , mais des dieux bêtes ; voilà

où aboutit la fausse délicatesse de l'homme
qui ne veut rien d'incompréhensible dans
sa religion. Mais si cet incompréhensible
a été révélé; s'il lie & s'il réunit toutes
les vérités qui composent les écritures;
s'il ne s'ensuit rien que de raisonnable,
de beau, de grand & d'utile à l'homme,
& que de glorieux à Dieu : si les auteurs
sacrés sont tous d'accord sur ces matieres
incompréhensibles; si après avoir marché
sans jamais s'égarer dans ces routes mys-
térieuses, ils se trouvent au même cen-
tre : n'est-il pas évident qu'une lumiere
surnaturelle les a éclairés ? Et ce qui,
malgré son incompréhensibilité, a été
cru, soutenu, défendu, attesté par les
plus grands génies, par des millions de
personnes de tout âge, de tout sexe,
de toute condition, & dans la pratique
constante de tous les devoirs que la
religion nous impose, & jusques dans
les supplices les plus affreux : que peut-
il être, s'il n'est pas divin ?

Il n'est point d'homme, qui voyant
tous ces motifs de crédibilité, ne con-

vienne, non-seulement que l'on peut,
mais même que l'on doit embrasser la
religion qui nous les présente : par conséquent il n'est pas possible qu'il y ait
un homme sensé dans le monde à qui
cette religion paroisse évidemment incroyable. Ainsi, il n'est pas possible
qu'un homme élevé dans le sein de cette
religion, l'abandonne, l'attaque, la
décrie, la joue, & descende avec tranquillité dans la tombe, sur-tout après
en avoir paru déja plusieurs fois effrayé :
mais cette tranquillité n'est qu'apparente
sans être vraie & encore moins naturelle ;
& s'il est tranquille en effet, c'est une
punition exemplaire d'un Dieu, *dont
ce vieux patriarche de l'impiété* (1) a
rassemblé depuis près d'un siécle les vengeances sur sa tête coupable.

 « Si l'homme, qui veut se tranquil-
» liser sur tous les doutes qui pourroient
» s'élever dans son cœur au sujet de
» cette religion sublime, commet le

____

(1) Expression de feu Freron, en parlant de Voltaire.

» plus grand des crimes ; nécessairement
» il doit éprouver la plus grande des
» punitions, qui est cette même tran-
» quillité qu'il recherche ; punition plus
» terrible que tous les fléaux de la colere
» d'un Dieu vengeur, puisqu'elle ferme
» la porte au retour & au repentir ; &
» qu'elle devient par-là même le sceau
» de la réprobation de l'impie. S'il n'en
» étoit pas ainsi, le plus grand ennemi
» de Dieu seroit donc le plus heureux
» sur la terre, la tranquillité d'esprit
» étant le plus grand bien dont on y
» puisse jouir ; c'est-à-dire, que dans cet
» affreux système on mesureroit l'éten-
» due de la félicité par l'offense même
» de celui qui la donne : il est aisé de con-
» cevoir l'horreur de cette conséquence.
»   » Cette tranquillité est donc une pu-
» nition, & un châtiment d'autant plus
» terrible, que la tranquillité est plus
» parfaite ; & ce qu'il y a de plus éton-
» nant dans cette tranquilité, c'est son
» objet, un bonheur, un malheur éter-
» nel : être tranquille à cet égard, n'eût-

» on qu'une très-petite raison de douter,
» au lieu de mille que nous en avons
» pour croire, n'est-ce pas un prodige
» aussi étonnant que les mysteres que
» l'incrédulité veut anéantir ? Cette tran-
» quillité n'est donc pas naturelle ; donc
» en l'accordant à leurs desirs, Dieu se
» montre le défenseur de la religion
» que l'on veut fouler aux pieds : cette
» religion est donc bonne ; ils justifient
» donc eux-mêmes la foi de ses oracles ;
» les incrédules, & tous les prétendus
» esprits forts sont donc au milieu de
» nous, devenus comme le peuple Juif,
» une des plus fortes preuves de la vérité
» de la religion qu'ils attaquent. Il seroit
» à souhaiter que leur retour en soit dans
» la suite une des plus consolantes ».

Esprits faux & sublimes, qui vous servez de vos connoissances pour porter des coups mortels à la religion dont vous connoissez au-dedans de vous-mêmes toute la grandeur & l'excellence ; qui faites tant de ravages dans ces esprits assez bornés, ou assez mal instruits pour

ne pas découvrir l'erreur qui les attaque ;
ne feroit-il pas plus glorieux pour vous
& pour votre fiecle, de vous en déclarer
les plus zélés partifans, d'en être les
généreux défenfeurs, en la faifant triompher de l'impiété à laquelle votre efprit
& votre plume paffionnée érigént de
vils trophées ! Vous réuffiriez fans doute
bien mieux en cherchant à la faire aimer,
à la faire connoître ; vos lumieres la
feroient mieux goûter & pratiquer, &
votre gloire plus pure & plus brillante
vous frayeroit un chemin affuré au temple
de l'immortalité.

Vous êtes dans cet âge, mes amis,
où l'ame eft fufceptible des impreffions
les plus funeftes, où le cœur s'enyvre
volontiers de tous ces poifons meurtriers,
d'autant plus à craindre, qu'ils font
préparés avec plus d'art, & préfentés
fous des dehors plus féduifants. Ce font
toutes ces productions du libertinage &
de l'impiété qui infpirent à la jeuneffe
du dégoût pour fes devoirs, qui font
tous les jours des fcélérats en étouffant

dans les cœurs jusqu'aux sentimens les plus ordinaires & les plus naturels. Par ce moyen funeste & dangereux dans un état, le meilleur naturel est bientôt corrompu, le feu sublime de la vertu aussi-tôt étouffé qu'allumé dans une ame: semblable à ces fruits tendres & délicats, qui, à peine sortis de leurs fleurs, sont surpris par des gelées hors de saison sans laisser le moindre espoir. Oui, mon ami, je le repete, à votre âge on a tout à craindre quand on aime la vertu: âge précieux, mais difficile à passer! âge critique & dangereux, où l'on voit s'éclipser le soleil de la sagesse dans les nuages épais du libertinage & de l'impiété! âge redoutable, qui se laisse entraîner volontiers par le torrent du mauvais exemple & les propos criminels de l'incrédulité! âge malheureux enfin, où la voix tyrannique des passions commande avec empire, en se frayant un passage par tous les sens, qui pour l'ordinaire se déclare en peu de tems le tyran de l'ame, le bourreau du cœur,

& l'ennemi juré de la sagesse & de la vertu.

C'est sur-tout dans le sein des sociétés brillantes, dans ces cercles composés de beaux esprits, où la vertu est le plus en danger; c'est là principalement où regne l'esprit du monde, & c'est là qu'on préconise tous les systêmes enfantés par les égaremens de la raison; c'est là où l'on se forge un Dieu & une religion à sa mode, où l'on déifie les passions, où le spectacle de la religion n'est regardé que comme une *parade* impofante, & le culte du Dieu qu'elle adore, comme une vertu de bienséance. Le monde est devenu une énigme étrange pour un homme sensé ! En effet, qu'y voit-on ? les gens les plus ineptes s'arrogent le droit d'avoir une façon de penser à eux, & en tirent vanité; d'autres plus insensés, sans être aussi ignorants, s'érigent en censeurs des mœurs au milieu d'une conduite déshonorante, & vont même jusqu'à se parer du titre de *philosophes*, sans connoître les premiers principes du raisonnement : un esprit faux & systématique, voilà l'esprit malheureux du siecle.

Voulez-vous savoir, mes amis, ce qui résulte de l'impiété & de l'irréligion ? suivez-moi, & vous découvrirez sans peine tous les maux que produit nécessairement le systême malheureux de l'incrédulité. Premiérement il corrompt les mœurs par l'esprit de relâchement qu'il fait naître ; il détruit la vertu par le dégoût qu'il inspire pour tous les devoirs qui en dépendent ; il affoiblit peu-à-peu l'empire de la raison, en l'enveloppant dans le tourbillon de l'erreur ; il ouvre la carriere du crime, & fait qu'on y fait plus d'un pas : il conduit à l'endurcissement & au dernier des maux, qui est la perte de l'ame ; je crois que ce dernier malheur mérite un peu d'attention.

Si la religion dont la morale épurée lui attire tant d'ennemis de la part des partisans de l'erreur, étoit mieux connue, est-il quelqu'un qui n'y envisageât la félicité de cette vie & celle de l'autre ? mais , par un malheur déplorable , chacun veut aujourd'hui raisonner à sa mode , & pour cela on n'écoute que le langage des passions : il n'est pas étonnant après cela que l'irréligion & l'impiété fassent tous les jours de si grands ravages.

Ne pourroit-on pas remplir tous les devoirs d'un honnête homme, dit d'Arvigni , sans tout-à-fait s'assujettir aux loix severes d'une religion dont la pratique est rebutante par les difficultés qu'elle offre pour pouvoir la remplir ?

Ah ! mon ami , dit Philémon, une loi qui veut forcer les hommes d'être heureux , peut-elle jamais être rebutante ? Non sans doute ; si ce n'est à des cœurs pervers & corrompus. Que vous prescrit la religion ? Si je l'ai bien compris moi-même , je n'y vois rien que d'avantageux & d'attrayant ; je vois dans ses préceptes , les sentimens de la nature épurés par le moyen efficace d'une morale aussi sublime que son auteur est

incompréhenfible. Si depuis nos entretiens enfemble, j'ai fu démêler votre
caractere, ou plutôt, fi comme je me
l'imagine, j'ai bien lu dans votre ame,
vous avez le germe de toutes les vertus
que cette religion demande de vous.
Elle n'eft pas fi pénible, ni fon exercice
fi effrayant que vous paroiffez le croire.
Encore un coup, qu'exige-t-elle de
vous ? d'être vertueux, cette qualité
lui fuffit pour affurer votre bonheur.

Toute la nature ne publie-t-elle pas
l'exiftence d'un Dieu ? ce principe eft
inconteftable ; or, ce qui vous annonce
un Dieu, doit, ce me femble, vous en
prefcrire néceffairement le culte, &
vous perfuader de la néceffité d'une
religion, *non pas telle qu'elle puiffe
être*, ainfi que l'ont prétendu certains
efprits occupés à fouffler le feu de l'impiété par leurs maximes hardies & em-
poifonnées, efprits funeftes à l'innocence & aux mœurs, dont les traits en-
flammés ont fu tout embrafer, & qui
ont fait plus de ravages que tous les
fléaux

fléaux qui fondent de tems en tems sur le genre humain ; mais d'une religion marquée du fceau de la divinité qui en eft le principe & la fin. Ce ne font point ces fortes d'efprits tous méchamment prévenus, qui doivent diriger les fentimens des autres hommes, ni captiver leur raifon : de ce qu'ils cherchent à fe creufer un abyme, il n'eft pas dit qu'il faille s'y laiffer entraîner par eux. Soyez donc intimément convaincus que la religion eft l'ame du vrai bonheur & qu'elle feule peut y conduire ; d'ailleurs, quelle idée doit-on concevoir d'un homme fans mœurs & fans religion ? car fans mœurs il n'y a point de religion, & fans religion il n'y a point de mœurs. Quant à moi, je me figure un homme fans religion capable de tout mal, & rarement porté au bien dont il n'a pas même l'idée ; fon efprit n'a rien de folide ; il ne connoît ni le jufte ni l'honnête, confond le bien avec le mal, la vertu avec le crime, la juftice avec l'iniquité, le menfonge avec la vérité,

M

néglige les devoirs les plus essentiels, & n'a pas même les vertus naturelles à l'homme : il s'endurcit au point d'étouffer le cri de sa conscience ; les serpens du remords sont glacés dans son cœur ; la voix du ciel, cette voix si puissante, ne parvient plus à se faire entendre dans son ame aveuglée & devenue sourde aux inspirations les plus fortes : ce n'est plus qu'un aveugle qui marche à la lueur d'une clarté foible & trompeuse. La façon de penser des hommes est inconcevable ; c'est un labyrinthe où la raison la plus éclairée va se perdre : ils vivent tous comme si leur vie devoit toujours durer ; le tableau de la mort sans cesse sous leurs yeux ne fait aucune impression sur eux, bien loin de les glacer de terreur & d'effroi ; ils ne songent qu'au présent, & s'inquiétent fort peu de l'avenir ; ils tirent le rideau devant ce qui peut les allarmer, afin de faire le mal avec plus de tranquillité. Quelques-uns même, & il n'y en a que trop malheureusement ! se font un monstrueux plaiſir d'être vicieux : la religion une fois bannie de leur cœur, ils en étouffent juſqu'aux moindres ſentimens pour ſe livrer aux plus honteux excès. La vertu n'eſt plus à leurs yeux qu'un coloſſe effrayant, les devoirs de la ſociété & ceux de leur état, comme quelque choſe d'importun & de fâcheux, & la religion, comme une reine impérieuſe & tyrannique.

Ah! mes amis, quel eſt l'aveuglement & le délire de la raiſon humaine! Comment l'homme peut-il abuſer ainſi de ſes lumieres? Il veut commander à tout, & il eſt le plus vil eſclave de la nature (1) : tous les jours on le voit ſe ravaler au niveau de la brute, qui frémiroit de commettre les excès auxquels il ſe livre.

Cependant une expérience journaliere démontre aſſez aux hommes que la vie même la plus longue n'eſt qu'un ſonge, une fumée qui paroît & ſe

____

(1) Voyez l'eſſai ſur l'homme, de Pope.

diſſipe au même inſtant dans l'air , un éclair qui paſſe tout à coup du couchant à l'aurore , un point qui va ſe perdre dans l'immenſité du tems. S'il ſe mettoit bien dans l'eſprit que la vie n'eſt qu'un petit paſſage, où, comme l'a très-bien dit un auteur moderne, *l'on eſt dans la barque aſſez mal à ſon aiſe*, mais dont le grand point eſt de s'aſſurer un port délicieux; ſi les hommes étoient convaincus de cette vérité , il n'y en a pas un qui n'aimât la vertu , & qui ne ſe fît un plaiſir de faire le bien. Hélas ! qu'on fixe pour un moment les yeux ſur le tableau de la vie humaine ; de combien de maux & d'infirmités de toute eſpeces n'eſt-elle pas ſuſceptible ? les peines, les ſoucis , les embarras , les douleurs , voilà les compagnons inſéparables de l'homme tant qu'il eſt ſur la terre : à peine eſt-il né qu'il verſe des larmes & qu'il eſt voué aux ſouffrances ; a-t-il atteint l'âge de raiſon, ſon eſprit ingénieux pour le tourmenter lui forge des

befoins dont il fait dépendre fon bonheur ; jamais il n'eſt content de ſa ſituation préſente , il y a toujours quelque
choſe de plus avantageux qui ſe préſente
à ſon imagination , ſa deſtinée eſt preſque toujours incertaine ; il n'eſt pas un
ſeul inſtant où il puiſſe répondre de lui ;
chaque moment de ſon exiſtence eſt
marqué au coin de ſa foibleſſe ; ſes
projets ſont toujours incertains , ce qu'il
médite le matin , le ſoir il le retracte ;
aujourd'hui il eſt en ſanté , demain il
eſt malade , peut-être même trouve-t-il
la mort dans le ſein de la volupté. Rien
de plus fragile que le vaſe où eſt ren-
fermé le ſouffle de ſa vie , un rien peut
le briſer. Mortels , qui ſacrifiez vos plus
beaux jours dans les plaiſirs , qui vous
livrez ſans remords , ſans crainte & ſans
ſcrupule à ce que la débauche a de
plus infame ; ſi vous connoiſſiez le fil
imperceptible où eſt attachée la chaîne
de vos jours , que vous proſtituez à une
volupté aſſaſſine , loin d'en abuſer comme
vous faites , vous trembleriez en voyant

M iij

le danger continuel où il eſt d'être rompu, même dans l'ordre ſimple de la nature.

Si vous êtes jaloux de vivre au-delà des bornes du trépas, ne devez-vous pas faire en ſorte que votre vie ſoit remplie de bonnes actions. Ah ! croyez-moi, la véritable gloire ne conſiſte pas à déſoler des nations, il vaut mieux en être l'exemple par ſes vertus & ſes mœurs. Une vie paiſible & vertueuſe eſt toujours honorable aux yeux de la poſtérité. N'eſt-il pas bien doux de n'avoir rien à ſe reprocher à l'inſtant de la mort, quand même on ne ſeroit point épouvanté par le tableau effrayant d'un avenir incertain dans l'ordre de la nature, mais non dans celui de la religion ?

Voici donc en deux mots, mes amis, le réſultat de tous nos entretiens; l'amour de la vertu inſpire néceſſairement la haine du vice, je vous l'ai démontré de mon mieux. Je crois avoir ſatisfait à toutes vos objections ſur ce qui concerne la religion; je ne crois pas qu'il vous reſte rien à deſirer ſur cette importante matiere : vous avez pu voir que sa morale conduit à toutes les vertus ; l'humanité, la justice, la bienfaisance, sont des vertus qui émanent d'elle, je vous l'ai fait voir ; mais avant de finir cet entretien, & pour ne plus revenir sur la morale, toujours ennuyeuse pour la jeunesse, & souvent pour les gens faits, il me reste à vous donner une foible idée de la volupté, de cette volupté qu'on décore du titre d'amour ou de passion des belles ames ; volupté dangereuse, qui frayant la route du libertinage, ouvre la carriere de tous les vices.

Ce n'est point pour vous que je prétens parler ici, mes amis, dit Philémon, mais seulement pour vous faire la peinture du voluptueux sans frein. Premiérement, les plaisirs des sens pris sans ménagement ni pudeur sont les plus cruels ennemis de l'homme, en ce qu'ils affoiblissent son tempérament, obscurcissent les lumieres de sa raison, corrompent son cœur, diminuent les facultés de sa mémoire & abregent la moitié de ses jours : mais reprenons les choses de plus haut en définissant la passion à laquelle on donne le nom d'amour. Ce mot séduisant est dans le monde le manteau dont on couvre la débauche, & souvent conduit au crime qui devient le fruit de l'aveuglement que cette passion fait naître ; les excès en ce genre font des trophées pour le malheureux qui en est l'esclave. La corruption est portée à un si haut degré, que le libertin qui se croit tout permis, s'imagine que l'amour dans toute l'extension du mot, est l'art malheureux de séduire & de corrompre l'innocence avec plus d'adresse ; il fait d'un sentiment naturel, l'opprobre de l'humanité par l'usage infame & déshonorant qu'il en fait ; l'intempérance provoque les desirs & allume le feu des passions ; l'homme qui sent alors l'aiguillon de la volupté, détruit pour se satisfaire, ses forces & sa santé. Qu'arrive-t-il delà ? non-seulement il existe malheureux au milieu de ses débordemens,

mais il s'amaſſe toutes fortes d'infirmités ſur le retour de l'âge. Le voluptueux ſans honte marchande ſon infamie ;
il ne rougit pas de mettre l'honneur &
le ſentiment à prix, & de trafiquer l'opprobre dont il eſt couvert. C'eſt le rôle
ordinaire que jouent ces ſibarites perdus
de débauches : on les voit, à la honte
de l'humanité, l'or à la main mettre
à prix les faveurs d'un ſexe foible &
timide, malheureuſement trop facile à
ſéduire ! les hommes éblouis par l'appât
de cette paſſion, ne conſiderent pas
tous les dangers auxquels l'amour les
expoſe.

Le voluptueux, comme je l'ai déja
dit, altere ſa ſanté, énerve ſon tempérament, détruit ſes forces, s'expoſe à
toutes fortes de maux, & ſe prépare
une vieilleſſe auſſi incommode aux autres
que douloureuſe pour lui, précédée
d'une jeuneſſe languiſſante ; il s'expoſe
à infecter les ſources de ſa vie par le
venin qui peu-à-peu s'inſinue dans les
canaux qui en dépendent ; ce poiſon

M w

détestable corrompt son sang qui ne circule plus que lentement dans ses veines ; ce poison aussi dangereux que subtil dans ses effets, lui fait porter d'avance le châtiment de son crime & de son infamie. Se marie-t-il ? les enfans qui ont puisé leur vie dans son sang corrompu, sont les victimes de ses débordemens. Leur naissance est marquée par de déplorables signes ; ils sont ou contrefaits ou mal sains : leur enfance est pénible pour ceux qui en sont chargés, & douloureuse pour eux. S'ils parviennent dans un âge plus avancé, ils sont sans force & sans vigueur, toujours souffrans, & destinés à traîner une chaîne cruelle de jours importuns & languissans. Hélas ! si ces tristes victimes pouvoient connoître les auteurs des maux qu'ils endurent, combien ne gémiroient-ils pas sur celui de leur naissance !

Ce que je viens de dire est suffisant pour prouver que la dissolution dans les mœurs, est la source d'une infinité de malheurs, qui font autant de fléaux qui détruifent l'efpece humaine. La débauche empoifonne les jours, foit du côté du moral ou du phyfique, & en tranche le fil au milieu de leur printems. Quelquefois on eft étonné de la briéveté de la vie humaine : cela me furprend ! doit-on en effet, s'étonner que l'efpece dégénere ? non fans doute, puifque la corruption des mœurs en eft la caufe ; c'eft elle qui eft le bourreau de l'humanité ; à peine les hommes font-ils nés & fe connoiffent-ils, qu'ils vont fe précipiter dans le fleuve empoifonné des plaifirs. Rien ne peut les arracher de leur ivreffe, que le moment fatal où ils fe voient étendus fur un lit de douleur, en proie aux fouffrances les plus aigues : c'eft-là où ils regrettent l'abus de leur fanté, mais il n'eft plus tems ; (1) *quand l'huile qui entretient la*

______

(1) Réponfe d'un Philofophe Athénien mourant, à Péricles, qui le conjuroit de prendre des alimens pour le rappeller à la vie. Voyez Rollin, hift. anc.

M vij

clarté d'une lampe est tarie, il faut
nécessairement que la lumiere s'éteigne
C'est la comparaison du voluptueux usé
par les plaisirs ; après avoir sacrifié sa
jeunesse, que lui reste-t-il ? la mort,
& la honte d'une conduite déshonorante ; voilà tout ce qui se présente à la
vue presque éteinte du libertin qui descend au tombeau. Si par hasard, il forme
des regrets, s'il soupire, s'il laisse même
échapper quelques larmes, ce n'est point
après la vertu qu'il a indignement foulée
aux pieds qu'il pleure, mais ce sont des
pleurs du désespoir dont il est en secret
déchiré ; s'il pleure, encore un coup,
c'est sa santé qu'il a imprudemment
prostituée, & non pas le scandale qu'il
a donné.

La débauche endurcit le cœur, aussi
est-il rare de voir un libertin changer
de conduite ; son opprobre le suit au
tombeau. Telle vie, telle fin, voilà ma
devise.

Voici à-peu-près ce qui me restoit à
vous dire, mes amis : heureux si mes

conseils peuvent vous avoir inspiré de l'amour pour la vertu, & si j'ai pu vous persuader que sans la religion, on ne peut être véritablement vertueux. Cet entretien a été un peu plus long que de coutume, cependant j'ai tâché de l'abréger ; mais la matiere en ce genre est si abondante, qu'on est entraîné malgré soi à sortir des bornes que je m'étois prescrites.

CHAPITRE XIII.

L'ENTRETIEN avoit été plus long que de coutume ; la matinée étoit déja fort avancée, lorsque le comte se mit en devoir d'aller à la rencontre de Philémon. Bélinde de son côté qui n'avoit pas encore vu son pere, étoit impatiente de voler dans ses bras ; elle se joignit au comte, pour aller les rejoindre ; ils trouverent le vertueux Philémon, assis sur un tapis de verdure qu'ombrageoit un vieux chêne, ainsi que je l'ai déja dit, avec d'Arvigni & Lussan à ses côtés, fortement occupés à discuter l'importance du sujet que l'on vient de voir. Philémon en appercevant son ami, son bienfaiteur, fut au-devant de lui avec ses deux disciples : comme ils n'avoient encore rien pris, ni les uns ni les autres, ils regagnerent tous ensemble le château, où ils furent prendre quelque nourriture.

Comme il y avoit au moins pour trois-quarts d'heure de chemin, Luffan vivement pénétré des vérités qu'il venoit d'apprendre dans le dernier entretien de Philémon, voulut charmer les ennuis de la route en demandant au héros quelques nouvelles leçons de vertu. A peine furent-ils en marche qu'il demanda à Philémon, comment il étoit poffible que les gens vertueux foient toujours victimes des méchans ?

La méchanceté des hommes, reprit Philémon, fert au triomphe de la vertu ; l'adverfité épure les fentimens, de même que la profpérité découvre les vices : c'eft ce qu'on voit tous les jours dans le monde : un contrafte frappant s'offre fans ceffe aux yeux ; on y voit ramper dans l'humiliation des derniers rangs, ceux qui font l'honneur de l'humanité, tandis que les méchans qui en font l'opprobre, arrivent fans obftacles au faîte des grandeurs. La deftinée des ames vertueufes, je vous l'ai déja dit, eft d'être en bute aux revers ; les entreprifes coupables font celles que l'on voit couronnées par le fuccès : les vices & les vertus fuyent également le grand jour, les uns pour s'échapper à l'ignominie, les autres pour éviter le danger des éloges. Il eft pour ainfi dire néceffaire, qu'il y ait un état où les vices fe montrent dans toute leur difformité, & c'eft principalement dans la bonne fortune qu'ils paroiffent à découvert. Il faut qu'il y en ait un où la modeftie ne puiffe priver le monde du fpectacle des vertus ; l'adverfité eft ce qui les fait briller à fes yeux avec plus déclat. Il faut enfin que le méchant & le fage foient dans la fociété deux fpectacles également utiles, l'un par l'indignation publique qu'il allume dans tous les cœurs ; l'autre par l'admiration générale & par les fruits d'une heureufe émulation qu'il fait naître. La profpérité & l'infortune procurent ordinairement ce double avantage ; l'une démafque les vices, & l'autre découvre les vertus : les méchans qui ne peuvent jouir de

l'impunité, & qui craignent d'entendre
à chaque pas s'élever contr'eux un cri
général d'indignation & d'anathème,
s'occupent fans ceffe du foin pénible
d'envelopper la noirceur de leur ame,
& d'en impofer aux regards publics par
quelques dehors de vertu : l'illufion que
caufe dans les efprits cet artifice fi commun ne peut durer long-tems ; le voile
qui cache la baffeffe de leurs ames fe
déchire tôt ou tard ; la profpérité en
vient facilement à bout, je vais vous en
donner des preuves.

Les méchans brûlés du defir d'amaffer
des richeffes, pour fe mettre en garde
contre les traits de la cenfure & dérober
à fes regards les moyens odieux dont ils
fe fervent avec fuccès, affectent de parler éternellement de probité & de bonne
foi, comme s'ils avoient dans le cœur
l'amour de ces vertus, dont ils n'ont
que les grands noms fur les levres. Af-
pirent-ils aux honneurs ? alors pour
monter à ces places que la patrie ne
deftine qu'aux talens, ils empruntent

les dehors les plus imposans ; l'hypocrifie compofe leur maintien , mefure
leurs paroles & combine leurs démar-
ches.

Si la fortune vient à contenter leurs
defirs en les comblant de richeffes ; fi
comme le ferpent qui ne s'éleve qu'en
rampant, ils montent à force de baffeffes
aux honneurs qui n'étoient pas faits
pour eux ; bientôt la fcene change , les
mafques tombent, ces acteurs qui paroiffoient être des héros, ne font pas même
des hommes ; les vices s'échappent en
foule de leurs ames corrompues : c'eft
un torrent qui fe déborde avec d'autant
plus d'impétuofité qu'il a été plus long-
tems refferré dans des bornes étroites.

Rome vit naître deux ames hautaines
& vicieufes ; Marius & Sylla furent
d'abord chers aux Romains ; mais cette
illufion leur coûta cher ; tour à tour
heureux dans leurs projets déteftables ,
ces deux monftres fe difputent à qui
déchirera plus cruellement la république. Une guerre fanglante s'allume au

fein de la patrie ; Marius eft vainqueur, & c'eft à ce moment que Rome apprend à le connoître ; ce n'eft plus ce fier Républicain qui feignant d'être embrafé de l'amour de la patrie, s'écrioit en préfence du peuple : « la vertu m'eft » devenue comme naturelle, à force de » la pratiquer ; j'ai pour preuves de ma » valeur des drapeaux enlevés, des » récompenfes militaires ; oui, Romains, » c'eft pour vous que Marius apprit à » braver les dangers, à frapper l'ennemi, » à n'avoir pour lit que la terre ; c'eft » pour vous feuls que mon fang coule » dans mes veines ; c'eft pour vous feuls » que je brûle de le répandre ». Ce dévouement patriotique ne fut pas de longue durée : bientôt après, cruel, inéxorable, terrible dans fes vengeances, Marius eut pour cortége d'infames affaf- fins ; un coup d'œil fait tomber à fes pieds les têtes les plus refpectables ; il marche à travers des fleuves de fang, & vomit enfin fon ame brutale dans les excès de la débauche. Rome fe félicite à peine d'être délivrée de ce monftrueux citoyen, que Sylla le remplace. De la part de ce dernier, même artifice, même hypocrifie; il triomphe à fon tour, & l'on voit renaître les mêmes abominations: la république entiere eft abandonnée au fer de la profcription.... Dans une ifle fameufe, voifine de la France, un fcélérat, capitaine & enthoufiafte, foldat & politique, Cromwel, vint à bout d'égorger le monarque aux yeux de fes fujets. Peu après on vit ce monftre jouir du fruit de fes attentats, & l'Angleterre ne vit plus dans fon protecteur qu'un tyran lâche & cruel, qui en la couvrant d'un opprobre éternel, fe fit un plaifir déteftable de lui donner des chaînes.

Sans aller chercher des exemples fi loin, il n'eft pas néceffaire, mes amis, de fortir de la fociété où nous vivons; il fuffit de fixer la vue fur ces hommes nouveaux que les brigandages palliés, ou les follicitations & la faveur ont décorés des titres dont ils ont acheté

ou extorqué l'honneur. Examinons un
peu, avec quel empire ils commandent !
avec quelle dureté ils repouffent ! quelle
préfomption dans toute leur conduite !
Suivons leurs pas, & nous les verrons
tantôt détourner fans rougir, l'or qui
roule dans les canaux publics, tantôt
dévorer en un feul mets la nourriture
de cent familles, qui périffent de faim
& languiffent de mifere ; tantôt fybarites
volupteux, fe plonger fans remords
dans les plus infames débauches, &
fouvent fe porter à des crimes atroces.
C'eft ainfi que la profpérité démafque
les hommes vicieux : l'adverfité dans
l'homme fage offre un tableau bien
différent ! Eh ! comment cela, demanda
d'Arvigni ? comment ! reprit Philémon ;
c'eft que l'infortune met les vertus de
l'honnête homme au grand jour en le
couvrant de gloire. Je vais tâcher de
vous en faire la peinture : l'adverfité eft
aux vertus du fage, ce que l'exercice
des combats & les dangers de la mer
font aux talens du guerrier & du pilote :

en effet, tant qu'il n'eſt mis à aucune
épreuve, ſes vertus repoſent, pour ainſi
dire, à l'inſu des autres hommes, dans
ſon cœur, & la modeſtie leur en dérobe
la vue. Quel eſt le moment où l'homme
vertueux peut donner aux autres hommes
le ſpectacle admirable de ſa grande
ame ? Quand peut-on en reconnoître la
grandeur & l'héroïſme, ſi ce n'eſt quand
il eſt en bute aux revers ? des échecs,
des diſgraces, des outrages : voilà la
lice préparée pour le ſage ; & ſi l'on a
dit qu'il étoit un ſpectacle digne de
l'admiration du Ciel même, c'eſt ſur-
tout lorſqu'il eſt aux priſes avec l'adverſité. Voilà pourquoi, ſuivant la re-
marque d'un moderne, on aime toujours à peindre les grands hommes dans
l'embarras, les troubles & les dangers :
voilà pourquoi tant de faméliques
auteurs de mille productions frivoles
ou licentieuſes, lorſqu'ils veulent offrir
des caractères ſublimes, fabriquent à
grands frais des monſtres, des dragons,
des géans, afin que les héros factices

qu'ils opposent à ces monstres en paroissent plus grands. Que l'adversité frappe donc le sage : soit qu'il languisse dans l'indigence, soit qu'on l'accable d'outrage, soit qu'on le perce des traits de la calomnie, soit qu'on le traîne à une mort aussi injuste qu'ignominieuse, on le voit toujours se montrer dans son véritable point de vue. Non que je veuille me mettre au nombre des sages, mais lorsque les malheurs vinrent fondre sur moi, mes vœux furent en quelque sorte exaucés. Je ne me plaignis que de l'injustice des hommes, & de leur facilité à se laisser entraîner par la passion. Presque dans l'indigence, on a vu le sage Epaminondas refuser l'argent du roi de Perse, le vertueux Fabricius, rejetter les présens du roi d'Epire. L'homme vertueux est-il outragé ou frappé ? il me semble l'entendre avec Thémistocle dire à un jeune téméraire ; *frappe, mais écoute :* avec Caton, à qui l'on demande pardon d'une insulte qui lui a été faite ; *je ne me souviens point d'avoir été frappé* ; avec un grand prince dont on avoit renversé les statues, & qu'on excitoit à la vengeance ; *je ne me sens point de blessure au visage.*

Un spectacle différent se présente à nos yeux ; la fortune après avoir comblé le sage de ses faveurs, se plaît à lui être contraire, & à lui porter des coups d'autant plus cruels, que les biens dont elle l'avoit favorisé étoient avantageux & honorables. C'est à cet instant critique, où la sublimité de sa vertu se déploie ; on le voit avec un front inaltérable, remettre aux mains de la fortune toutes les richesses, & les titres qu'il en avoit reçus, avec la même joie qu'éprouveroit l'avare ou l'ambitieux, si tout ce qu'ils abandonnent passoit dans leurs mains. Assis sur un trône environné d'ennemis, il en descendroit sans murmure, plus jaloux de vivre obscur & tranquille, que de porter le fardeau d'une couronne. Cette couronne qu'il auroit méritée sans la souhaiter, il la déposeroit sans se plaindre, il en feroit

feroit sans regret le sacrifice. N'a-t-on pas vu le Nestor (1) des rois de ce siecle, digne du trône, quand il l'occupa, au-dessus du trône, quand il en descendit, au sein des hasards, sans défense & sans allarmes, sans couronne & sans foiblesse ? Ainsi le chêne antique au milieu des orages, dépouillé des ornemens de sa cime superbe, n'en paroît que plus robuste : la fortune ne se lasse point de poursuivre le sage ; la malignité empoisonne ses meilleures actions ; on le voit soumis à toutes sortes d'épreuves, exposé à mille dangers, & toujours ferme au milieu de l'orage. Les épreuves les plus dures servent d'aliment à sa vertu, & contribuent davantage à sa gloire, que tous les lauriers sanglans de la victoire. Pour se convaincre de cette vérité, il suffit de se représenter Aristide condamné à l'ostracisme ; avec un visage serein, un maintien modeste, mais ferme, un cœur sans altération comme

____

(1) Stanislas le bienfaisant.

N

fans crime, il fort d'Athenes en levant les mains au ciel, non pas comme Achille, pour demander que la foudre écrafe les Grecs ; mais pour conjurer les Dieux de ne mettre jamais Athenes dans le cas de regretter Ariftide. L'hiftoire Romaine fournit un trait non moins admirable de générofité & de grandeur d'ame dans l'illuftre Camille. Ce généreux défenfeur de fa patrie eft-il banni de Rome ? grand jufqu'alors par fes vertus & fes exploits, il fut fe montrer plus grand par fa généreufe fenfibilité. A peine apprend il la funefte nouvelle qui lui annonce le triomphe des Gaulois & l'embrafement de Rome, qu'oubliant les injuftices faites à Camille, il ne fe fouvient que des devoirs & des obligations que tout fujet & citoyen contracte en naiffant, & fans rien confulter que la voix de fon cœur, ce grand homme à la lueur des flammes, vole au fecours de fes concitoyens, & rend le calme par fa préfence inattendue à fa patrie auffi injuste qu'ingrate envers lui. Voit-on beaucoup d'hommes de cette trempe de notre siecle ? Aigrie par l'affront d'un exil, une ame hautaine n'eût accouru à l'incendie que pour en nourrir la fureur, en accélérer les ravages, & se repaître de cet affreux spectacle avec la joie barbare de la vengeance. Mais de tels sentimens ne doivent jamais entrer dans une ame élevée & vertueuse; aussi ne souillerent-ils pas celle du héros dont je parle. Camille aussi grand politique, que guerrier habile & redoutable, eut l'adresse de combattre d'une main l'ennemi, & d'en repousser les coups, & de se servir de l'autre pour réparer les ruines de sa patrie, à laquelle il donna dans cette circonstance présente une preuve bien grande de son amour pour elle, puisqu'il fut à l'épreuve de l'ingratitude.

Il est encore d'autres tems, d'autres épreuves, d'autres malheurs pour le sage, & par conséquent il a d'autres vertus à signaler. Peut-être n'en soupçonnez-vous pas au-deſſus de celles que je viens de mettre ſous vos yeux ; cependant vous allez voir le contraire. Evoque - t - on contre lui du fond des enfers les ſombres furies ? appelle-t-on la foudre à ſa deſtruction ? lui ſuppoſe-t-on des crimes pour l'accabler ? le glaive à la main, la haine demande - t - elle à l'immoler ? peut-être croyez vous qu'il eſt impoſſible de réſiſter à cette épreuve ; mais point du tout, la ſubir avec courage, voir la mort s'approcher ſans pâlir, y voler avec fermeté, & déſarmer la cruauté des bourreaux, moins coupables que les tyrans qui les arment contre l'innocence ; voilà, mes amis, voilà l'héroïſme, & le comble du grand homme, & c'eſt la deſtinée ordinaire de la vertu. Ames foibles & puſillanimes, qui ne pouvez rien ſupporter, qui vous laiſſez abattre ſous les moindres revers, étouffez vos murmures, & prenez courage en fixant vos regards ſur le tableau du ſage, toujours égal ſous le fer des bourreaux comme dans le ſein de la

tranquillité. L'homme juste, lui que le
ciel verroit dans le bouleversement
général de l'univers, s'élever comme
une colonne majestueuse immobile au
milieu des ruines, vous donne l'exemple de l'intrépidité avec laquelle il faut
voir venir la mort! Comme lui, foulez
aux pieds tout sentiment humain, prenez
une ame au-dessus de vous-même, &
frémissez d'une lâche foiblesse plutôt
que de la mort qu'on vous prépare.
L'homme juste ne sait point trembler,
il envisage tout avec la même égalité
& voit le bûcher qui doit le consumer,
sans s'émouvoir; non, le sceau de l'ignominie sur le front, le calice de l'opprobre à la main, le glaive de ses
ennemis dans le cœur, & la paix de
l'innocence dans l'ame, courbé de lui-
même sur l'autel de son sacrifice, il
offre sans frémir, sa tête au coup fatal,
& marque le dernier instant de sa vie
du sceau de la grandeur d'ame, & d'une
héroïque intrépidité.

Représentez-vous, mes amis, Socrate

au milieu d'Athenes, dont il avoit fait la gloire, les délices & l'ornement tout à la fois : d'abord, on voit autour de lui une troupe féditieufe d'ennemis & d'efclaves qui s'empreffent de le noircir, & de le traîner au tribunal de l'aréopage. Quelle noble affurance dans fon maintien ! il me femble l'entendre parler avec cet air de grandeur, de modeftie & de candeur ; armes fouvent impuiffantes, mais feules réfervées à l'innocence, & qui la prouvent avant qu'on la défende. En voyant le noble afpect du fage, l'impofture confondue frémit d'être dévoilée ; mais trop fouvent elle refte triomphante ; elle vient à bout de faire éclater fa cruauté & fa honte, & la conftance du philofophe eft de dreffer des trophées immortels à fa gloire.

Socrate eft donc jetté dans une obfcure prifon, *à la lueur d'une lampe fépulcrale* ; fes amis fondent en larmes à fes pieds, & c'eft d'eux feuls qu'on apprend l'arrêt de mort porté contre

Socrate. Ah ! généreux amis, étouffez, leur dit-il, votre fensibilité, ceffez de m'arrofer de vos larmes importunes, & de plaindre mort fort.

Sans doute les amis de Socrate, qui fe défefpéroient en fa préfence, en voyant le danger inévitable de fa mort, ne l'envifageoient pas à l'afpect effrayant de ce moment terrible, femblable à l'athelete vigoureux qui de la lice où il combat avec un courage héroïque, fait figne de la main aux fpectateurs de ne point s'allarmer des coups qu'on lui porte.... Oui, mes amis, pour voir Socrate auffi grand que les oracles l'avoient annoncé, il falloit le voir le verre de la ciguë à la main, prêt à con-fommer fon facrifice par le moyen de ce breuvage deftructeur dont l'idée feule fait frémir la nature.

Telle eft la marche ordinaire des ames vertueufes dans l'adverfité, & les effets qu'elle produit fur eux : elles font parmi les revers, ce que font dans les flammes ces parfums précieux, qui, fans l'épreuve du feu, n'euffent point répandu leur odeur délicieufe.

Il feroit à fouhaiter que ce que je viens de dire puiffe paffer dans l'ame des méchans; ils apprendroient au moins à rougir d'eux-mêmes dans le fein de la profpérité : mais par malheur, & un malheur trop déplorable, c'eft que les leçons du fage dans l'infortune, & les exemples de vertus qu'il peut donner, parviennent rarement à changer la face de la terre.

Mais d'où vient cet héroïfme inconnu à la plupart des autres hommes, demanda Luffan, car je m'imagine que les traits que vous venez de citer font rares ? Voulez-vous en favoir la raifon, dit Philémon ? c'eft que la vertu eft encore plus rare parmi les hommes. Ce qui produit ces grands exemples pour l'univers, c'eft que le fage en contemplant la furface de la terre, ne l'envifage que d'un œil indifférent, afin d'élever fes idées à la hauteur des cieux; cela fait, la terre fe réduit infenfible-

ment à ses yeux comme un pélerinage
incommode, dont il faut se débarrasser
lorsque le ciel paroît l'ordonner.

C'est sur-tout lorsqu'il considere le
spectacle des mœurs dégénérées & corrompues, des loix abolies, des coutumes
foulées aux pieds, de la religion de
ses peres profanée, des passions érigées
en idoles, qu'à l'exemple de l'orateur
Romain, après avoir regretté les mœurs
primitives de l'Italie, & s'être écrié
avec lui, ô tems ! ô mœurs ! ô ma
patrie ! sa vie lui étant pour ainsi dire,
à charge, il devient presque insensible
à l'éloge comme à la satyre des nations ;
& que ne pouvant contempler de sang-
froid toute l'étendue de la sottise humaine,
ni briser les liens des préjugés que la
malignité fait naître tous les jours, il
sait tout braver, & descend avec tranquillité dans la tombe, par l'espoir qu'il
a de renaître dans une région divine,
d'où l'erreur & la sottise sont bannies.

L'amour vertueux de la patrie est
aussi l'ame des actions héroïques ; chez

N v

tous les peuples & dans tous les climats on en a vu des exemples ; mais pour bien faire, il faut que l'esprit de la religion soit le principe de ces actions d'éclat transmises avec soin de siecle en siecle pour faire l'admiration de la postérité. Le trait suivant, quoique sublime par la cause qui l'a produit, est cependant accompagné de foiblesse, car on ne doit (abstraction faite de la religion) regarder le suicide, que comme une lâcheté plus ou moins ridicule. Il faut savoir tenir tête à l'orage, & supporter les revers avec fermeté ; d'ailleurs, il y a plus d'honneur d'aller à la mort par l'ordre d'un tyran, que de se la donner soi-même pour se soustraire à sa cruauté. Tout le monde ne sera pas de l'avis de Philémon, qui se pique beaucoup moins de philosophie que de bons sens ; mais revenons au trait qu'il veut citer.

A la Chine, un Empereur, poursuivi par les armes victorieuses d'un citoyen, veut se servir du respect superstitieux qu'en ce pays un fils a pour

les ordres de sa mere, pour contrain-
dre ce citoyen à mettre bas ses armes.
Député vers cette mere, un officier de
l'Empereur vient, le poignard à la
main, lui dire qu'elle n'a que le choix
d'obéir ou de mourir. *Ton maître,* lui
répondit-elle, *avec un souris amer,*
se seroit-il flatté que j'ignore les con-
ventions tacites, mais sacrées, qui
unissent les peuples aux souverains,
par lesquelles les peuples s'engagent à
obéir & les rois à les rendre heureux?
Il a le premier violé ces conventions;
lâche exécuteur des ordres d'un tyran,
apprends d'une femme ce qu'en pareil
cas on doit à sa patrie. A ces mots,
arrachant le poignard des mains de
l'Officier, elle se frappe, & lui dit:
Esclave, s'il te reste encore quelque
vertu, porte à mon fils ce poignard
sanglant, dis-lui qu'il venge sa na-
tion, qu'il punisse le tyran qui désole
son pays & qui vient d'assassiner sa
mere. Il n'a plus rien à craindre pour
moi, plus rien à ménager : il est

N vj

maintenant libre , qu'il faſſe uſage de ſa vertu , en faiſant tomber à ſes pieds le tyran déſolateur de ſon pays. Ce trait ſeroit bien plus digne d'admiration ſi le crime ne l'accompagnoit pas ; mais il eſt une preuve des effets ſurprenans que le patriotiſme a produits chez les nations payennes.

Un noble orgueil eſt quelquefois permis ; mais ces ſortes d'exemples ſont auſſi blâmables que dignes d'éloges, en les conſidérant d'un œil philoſophique. L'action de Régulus parmi les Romains, mis en liberté ſur ſa parole par les Carthaginois dont il étoit priſonnier, eſt ſans doute bien plus grande & plus ſublime : l'intérêt de Rome le décide, ſon honneur lui eſt plus cher que ſa vie ; incapable de manquer à ſa parole, il s'arrache des bras de ſon épouſe, recommande l'éducation de ſon fils à ſes concitoyens, brave les larmes de tout ce qui l'environne, pour aller à une mort aſſurée, parce que la gloire de Rome en dépend ; voilà une action vraiment héroïque, & digne de l'admiration de toute la postérité. L'exemple précédent offre un caractere vicieux, en ce qu'il semble autoriser le meurtre des tyrans : la nation n'a jamais le droit d'attenter contre son souverain légitime ; à plus forte raison, un particulier fanatique pourra-t-il oser le faire sans attirer sur lui l'exécration du genre humain, & attirer sur sa tête toutes les foudres des cieux.

Les Romains ont plus que toute autre nation senti le respect qu'on doit aux souverains ; parmi tous ceux qui se sont volontairement donné la mort, il en est peu qui aient osé la faire précéder du massacre des tyrans, tant l'autorité légitime est respectable aux yeux des hommes éclairés ! Envain, a-t-on prétendu faire passer ce respect parmi eux comme une lâcheté, en disant que ce n'étoit pas la garde qui veilloit aux portes de la tyrannie qui leur en défendoit l'accès, mais que la crainte seule des supplices désarmoit leurs bras. Cette inculpation eſt injuſte ; car perſonne n'a mieux connu parmi les nations payennes, le juſte & l'honnête, que le peuple Romain, & aucun ne fournit de plus beaux traits en tout genre ni en plus grand nombre. L'hiſtoire de ce peuple eſt remplie d'actions héroïques, il n'eſt rien que l'amour de la liberté, celui de la patrie & de la gloire ne lui ait fait exécuter ou entreprendre. On frémit en voyant dans les premiers tems de cette fameuſe république, qui eſt parvenue au point d'engloutir tous les empires ; on frémit, dis-je, en voyant la fermeté d'un conſul qui fait mourir à ſes yeux ſes deux enfans pour s'être laiſſés entraî-ner aux ſourdes pratiques que les Tar-quins faiſoient dans Rome, pour y rétablir leur domination. Cet exemple eſt terrible, & je ne conçois pas com-ment la nature peut étouffer ſa voix à un tel point dans le ſein d'un pere : ce fait ſeroit incroyable s'il n'étoit at-teſté par tous les hiſtoriens. L'amour de la liberté & de la patrie peut faire

naître de grandes actions, mais il ne
doit jamais étouffer les sentimens de la
nature, dont l'organe est souvent si
puissant que l'on s'en sert dans les circonstances les plus difficiles. La république Romaine trouva son salut dans
les prieres d'une mere envers son fils; tant
il est vrai de dire qu'il n'est rien dont
ne vienne à bout la nature qui n'a pas
d'armes plus puissantes pour dompter
un homme emporté, que les larmes de
sa mere! Rome réduite dans le plus triste
état, encore foible & dans sa naissance,
se voyant divisée au-dedans par ses tri-
buns, & pressée au-dehors par les
Volsques, que Coriolan irrité menoit
contre sa patrie dans le dessein de la
saccager, & de la mettre à feu & à
sang pour se venger d'elle, le sénat
dans cet incident malheureux, & se
voyant dans le plus grand danger parut
plus intrépide que jamais; ce coup de
la fortune loin de l'abattre, ne fit
qu'enflammer son courage. Depuis long-
tems les Volsques toujours battus par

les Romains, afpiroient après le moment
favorable pour s'en venger. Ils ne douterent plus d'y réuffir, lorfqu'une fois
ils virent à leur tête le plus grand
homme de Rome qui fût alors, le plus
entendu à la guerre, le plus libéral,
le plus incompatible avec l'injuftice,
le plus dur, le plus difficile & le plus
aigri. Ils vouloient fe mettre malgré le
Sénat au nombre des citoyens de Rome;
& après de grandes conquêtes, maîtres
de la campagne & du pays, ils mena-
çoient de tout perdre, fi on n'accordoit
leur demande. Rome n'avoit dans cette
fâcheufe circonftance, ni armée ni
chef, & néanmoins dans ce trifte état,
& pendant qu'elle avoit tout à craindre,
on vit tout-à-coup fortir ce hardi décret
du Sénat ; *qu'on périroit plutôt que
de rien céder à l'ennemi armé, &
qu'on lui accorderoit des conditions
équitables, après qu'il auroit retiré
fes armes.* La république fe voyant
dans un danger preffant, & ne voulant
point déroger aux réfolutions prifes dans

le Sénat de n'écouter aucune propofition nuifible au bon ordre, fit qu'on engagea la mere de Coriolan, accompagnée de fa femme & de fes enfans à l'aller trouver lorfqu'il étoit prêt de forcer les portes de la ville. *Ne connoiffez-vous pas les Romains ? ne favez-vous pas, mon fils, que vous n'en obtiendrez jamais rien que par les prieres, & que vous en obtiendrez encore bien moins en ufant à leur égard de violence ?* Coriolan défarmé en voyant fa mere, fa femme & fes enfans, l'arrofer de leurs larmes en le conjurant de ne point tourner fa fureur contre fa patrie, dit à fa mere : *Vous l'emportez, ô ma mere ! la nature eſt plus forte que mon reffentiment, mais puiffe votre fils ne pas s'en repentir ! Songez que je vous fais le facrifice de ma vie en obéiffant à vos ordres.* Coriolan prévoyant les fuites de fon facrifice, ne fe trompa pas dans fa prédiction, puifqu'il lui en coûta la vie.

Philémon prenoit plaifir à rappeller ces différens traits, afin d'en tirer quelques inftructions analogues aux demandes de nos jeunes gens; fon moyen étoit infaillible, puifque pour réuffir il mêloit l'utile à l'agréable.

Le foleil étoit déjà couché, & la nuit commençoit à couvrir la terre de fon voile épais, & l'abfence toujours trop longue de Philémon pour fa fille, commençoit à lui donner de l'inquiétude. Elle fut trouver le comte pour lui témoigner fes allarmes; mais elle fut bientôt raffurée, lorfque defcendant avec lui pour aller à fa rencontre, elle le vit rentrer dans la cour du château, avec le bon Bazile qui s'étoit affis fur le chemin en l'attendant. Bélinde le cœur tout palpitant de joie, du plus loin qu'elle le vit, courut fe jetter dans fes bras en le comblant de careffes. Les manieres douces & infinuantes & la marche que Philémon s'efforçoit d'obferver dans fes entretiens avec Luffan & d'Arvigni, leur paroiffoient fi agréables, qu'ils trouvoient le tems toujours trop court. En effet, Philémon se faisoit un devoir de répondre de la maniere la plus satisfaisante aux différentes questions qu'ils lui faisoient, & ils goûtoient à leur tour un plaisir infini à l'entendre parler, par le desir qu'ils ressentoient de mettre ses leçons à profit : cet espoir flatteur pour un homme tel que Philémon , faisoit sa plus douce espérance. *Que je serois heureux*, leur disoit-il, *mes enfans, si je pouvois dire en mourant, j'eus des enfans dont je m'honorai d'être le pere , & j'eus la consolation de former dans ma vieillesse des cœurs bien nés, en leur faisant aimer la vertu !* Il est peu d'hommes qui puissent aujourd'hui se flatter d'un pareil avantage.

Cependant combien de peines & de soins ne prend-on pas pour frayer aux jeunes gens le chemin qui mene au vrai bonheur, en faisant briller à leurs yeux l'éclat de la récompense réservée à la vertu ; mais tous ces efforts sont presque superflus, on a la douleur de les voir oublier en un moment, pour marcher avec tranquillité dans les fentiers tortueux du crime : femblable au jardinier qui après avoir planté, déplanté & replanté une fleur, après, dis-je, l'avoir arrofée & cultivée pendant long-tems, la voit pancher fur fa tige & moiffonnée par un vent du midi ; de même un enfant qu'on aura long-tems cultivé, eft bientôt corrompu, lorfque le fouffle du mauvais exemple parvient jufqu'à lui.

CHAPITRE XIV.

LE jour commençoit à peine à percer, que le héros se leva pour s'entretenir de nouveau avec d'Arvigni &
Lussan : Bélinde, qui le croyoit livré
au sommeil, s'abandonnoit à la tristesse ;
cette vertueuse fille ne pouvoit voir
sans horreur son respectable pere livré
à la pitié des hommes. Elle avoit sans
cesse devant les yeux le tableau cruel
& touchant de la disgrace de Philémon ;
son ame se trouvoit toujours partagée
entre la douleur & la joie ; son esprit
lui rappelloit la splendeur où il avoit
vécu, la confiance dont le prince ho-
noroit autrefois son pere, la douce familiarité dans laquelle il vivoit avec
lui, les graces dont il le combloit sans
cesse ; le souvenir de toutes ces choses,
étoit autant de poignards qui la dé-
chiroient. Au moins, disoit-elle, si mon
pere avoit eu la liberté de confondre

fes ennemis, il auroit fait voir à fon maître que les crimes qu'on lui imputoit, n'étoient que des faits fuppofés par la rage de la méchanceté ; mais, fon malheur eft de n'avoir pu obtenir cette grace ; auffi a-t-il fuccombé fous les traits meurtriers de la calomnie ; fon innocence n'a pu le garantir, elle lui fervit de crime. Les lâches envieux qui ont juré fa perte, ont eu foin de l'écarter promptement d'un prince dont ils connoiffoient la juftice, bien perfuadés que l'innocent l'emportoit toujours dans fon cœur fur la perfidie des flatteurs. Bélinde, de tems en tems, éclatoit ainfi en regrets & en reproches contre les ennemis de Philémon : hélas ! fes plaintes étoient fondées, car il eft horrible qu'un honnête homme, qui fait le bien, qui ne s'occupe entiérement que de fon devoir qu'il remplit avec honneur, qui ne fe mêle que de ce qui le concerne, fans chercher à s'immifcer dans des affaires étrangeres à fon diftrict, foit expofé à la fureur

des intrigans, ennemis de toutes vertus.
Que chacun à l'exemple de Philémon,
fasse son devoir, sans se mêler de rien
de plus, tout le monde sera heureux &
tranquille.

Cependant le jour s'avançoit, &
Bélinde qui n'avoit pas encore vu son
pere, commençoit à s'inquiéter. Comme
elle sortoit pour s'informer dans le
Château si on ne l'avoit pas vu, elle le
vit, qui revenoit avec d'Arvigni &
Lussan. Philémon en rentrant au Château avoit un air satisfait ; Bélinde fut
charmée de voir que son pere étoit
moins triste que la veille, elle courut
à lui pour l'embrasser ; au même instant
le comte d'Orval vient au-devant de
Philémon, & le comble aussi de caresses.
Ah ! mon pere, dit d'Arvigni, auprès
de ce grand homme, quel cœur ne
deviendroit pas vertueux ? jamais personne n'eut le secret de mieux persuader
la nécessité qu'il y a de l'être, pour être
heureux. Pour moi je suis convaincu de
tout ce qu'il vient de nous dire ; il

connoît le moyen infaillible de remuer
l'ame, & d'étouffer le langage des paffions. Sans l'efprit de la religion il prétend qu'il n'y a point de bonheur; en
effet, fuivant fes principes, on ne peut
jouir fans elle, que d'une félicité factice
& momentanée; fes confeils, fes maximes, en un mot, fa morale, toutes les
vertus dont il eft le modele, doivent
rapprocher l'homme de la divinité. Il
ne connoît ni la haine ni la vengeance;
ennemi déclaré de l'orgueil, la modeftie
eft l'ame de fa conduite : quel contrafte
entre lui & les autres hommes ! hélas !
reprit Bélinde, que trouvez-vous d'étonnant dans mon pere, il a toujours penfe
de même que vous le voyez, fon cœur
a toujours été pur, & s'il eft malheureux, c'eft que le ciel a voulu éprouver
fon courage.

Malheureux ! ah ! que dis-tu, ma
fille ? tu veux donc me priver d'une
idée qui fait ma confolation & mon
bonheur ? Ne fais-tu pas que l'homme
jufte tourmenté par les méchans, goûte

un

un plaisir bien doux au milieu même de
ses afflictions ?

Et quel peut être ce plaisir, demanda
Lussan ?

Quel plaisir, mon ami ! comptez-vous
pour peu celui de n'avoir rien à se
reprocher ? c'est le plaisir le plus sensible que puisse jamais éprouver le cœur
de l'homme.

Plus il nous parle, dit d'Arvigni,
& plus il nous transporte l'ame. Les
paroles de Philémon étoient dites avec
cette assurance & cette fermeté noble
qui sied à la vertu, qui ne manquent
jamais ou rarement de produire leur effet.

D'Arvigni en admirant la morale de
Philémon, étoit devenu amoureux de
sa fille & n'osoit lui en faire l'aveu,
non plus qu'au comte son pere, qui
avoit déjà été en avant pour lui procurer une alliance honorable. Comme
il rentroit avec Lussan, il quitta pour
un instant la compagnie de Philémon,
& fut ouvrir son cœur à Lussan son ami,
sur le dessein qu'il avoit de demander à

O

Philémon ſa fille en mariage. Qu'ai-je beſoin, dit d'Arvigni, d'épouſer l'opulence, n'en ai-je pas aſſez pour vivre honorablement ? Cette jeune perſonne, eſt aimable & vertueuſe, voilà ſa dot : élevée à l'école de ſon pere, le faſte dont elle eſt ennemie n'occupera point ſon imagination ; ſi le ſort m'éleve à quelque dignité, l'exemple de ſon pere réglera ma conduite : en faiſant ſon bonheur, je ferai le mien ; je ſens que mon deſtin & ma félicité dépendent d'elle : je l'eſtime, que dis-je ? l'eſtime eſt trop peu pour mon cœur qui l'idolâtre ſans oſer lui avouer l'amour que j'ai pour elle. Je crains de rencontrer des obſtacles des deux côtés ; peut-être même de toutes parts : mon pere, Philémon, ſa fille, que de difficultés à ſurmonter pour remplir mon projet ! Si mon pere a promis ma main, il ne ſe démentira pas, je le connois, il eſt eſclave de ſa parole, ainſi que doit être tout honnête homme. Si je réſiſtois à ſes offres, ce ſeroit m'exposer à tout son ressentiment ; comment faire ?

Le pas est glissant & difficile, dit Lussan, il y a bien des précautions à prendre.

Je ne le sens que trop, repliqua d'Arvigni ; cependant j'ai idée que les obstacles ne seront point invincibles : quand mon pere & Philémon auront lu dans mon ame, ils ne pourront se refuser à mes desirs ; ils verront l'un & l'autre que l'amour que j'éprouve est un sentiment vertueux, non pas tel qu'on l'éprouve dans le monde. Mon projet n'a rien que d'honnête, & je crois que quand même la sympathie n'y auroit pas donné lieu, les leçons de ce bon vieillard m'en eussent inspiré le dessein : je me fais déjà une fête de l'appeller mon pere ! ah ! quel moment pour moi, que celui où je pourrai lui prodiguer ce tendre nom ! c'est alors qu'il se fera un plaisir de former mon cœur à la vertu, en m'instruisant sur la véritable grandeur d'ame. La nature &

O ij

l'amour agitent mon ame qui fe trouve partagée entre ces deux objets : fi mon pere avoit fixé mon choix, je vois un moyen fûr de lui faire changer de réfolution. Il eft des événemens dans la vie qui dérangent les projets qui femblent les mieux affermis ; c'eft ce qui me raffure. L'école de Philémon m'a appris à méprifer l'ambition, & à ne faire confifter le véritable honneur, qu'à fe rendre utile à fa patrie lorfqu'elle exige de nous des fervices. Je ferai tourner fes leçons à mon avantage ; d'ailleurs, mon pere ne pourra qu'approuver ma réfolution : ne fera-t-il pas glorieux pour lui de mettre fon fils dans les bras de la fille de fon libérateur ? Cette idée diffipe toutes mes craintes ! ah ! fans doute, cher Luffan, mon bonheur eft certain ; je mettrai ma gloire à le partager avec toi, j'efpere que nous ne nous quitterons pas. Je dirai à ce bon vieillard que mon bonheur dépend de lui, en lui ouvrant mon cœur ; il n'y pourra pas méconnoître la nobleffe

de mes sentimens, & la haute idée que
j'ai conçue de sa personne. Ah ! cher
Lussan, que me serviroit ma fortune,
si je ne pouvois pas en disposer en
faveur de la vertu ? Je méprise les
richesses lorsqu'elles ne peuvent servir
à un respectable usage ; je suis content
de ma fortune, mais si jamais quelque
chose me faisoit desirer de l'augmenter,
ce ne pourroit être que pour répandre
plus de bienfaits, pour soulager la
misere des malheureux, & afin de pouvoir garantir l'innocence de la fureur
des méchans. Malheureusement, l'or
ne sert pas toujours à cet usage ; on
l'emploie souvent au malheur des
humains. Depuis le moment où j'ai vu
cette aimable personne, mon esprit est
demeuré frappé. Vous ne vous êtes pas
trompé, mon ami, lorsque vous m'avez
voulu faire avouer le sentiment que j'ai
éprouvé lorsque je l'apperçus pour la
premiere fois ; depuis que je la connois
plus intimement, ce sentiment s'est
accru ; ses malheurs & ceux de son pere

m'ont d'abord intéreſſé ; mais l'amour que j'éprouve a rendu cet intérêt plus vif. Ne va cependant pas t'imaginer, que ce ſoit un ſentiment paſſager qui tienne au caprice : non, mon ami, je ne ſuis point fait pour arracher une fille vertueuſe des bras de ſon pere, ni pour me rendre le cruel artiſan de ſes malheurs. Je veux réparer autant qu'il ſera en mon pouvoir, tout ce qu'elle a ſouffert des caprices de la fortune ; je veux la rendre heureuſe, m'en faire aimer, mais non pas me prévaloir de l'opulence qui m'environne, pour la ſéduire ; ma façon de penſer eſt différente de celle des jeunes gens de mon rang. Séduire & corrompre, n'eſt qu'un jeu pour eux ; ce ſont des agneaux ſoumis & carreſſans, qui deviennent des tigres quand ils ont ſatisfait leur brutal plaiſir ; ils ſe font un honneur de publier la honte de la victime qu'ils ont ſéduite ; l'infamie dont leur procédé les couvre, eſt pour eux un trophée dont ils font parade ; rien de plus ordinaire que de voir leur libertinage mettre le divorce dans les familles ; ils ne rougiſſent pas de déshonorer la couche d'un citoyen reſpectable , de ravir une fille à ſa mere , ou de l'enlever des bras de ſon amant , de violer les droits les plus ſaints ; le ſcandale eſt ſouvent pour eux un paſſe-tems agréable ; le crime , ils le commettent impunément juſqu'à un certain point , c'eſt-à-dire , tant qu'il ne trouble point l'ordre civil , parce qu'ils ſe croient juges & parties. Pour moi , je ne ſuis nullement de cet avis ; je ne veux point que mon nom ſoit déshonoré par des forfaits : j'aime beaucoup mieux que l'on me trompe , que de tromper moi-même ; je ſuis ennemi de la trahiſon , auſſi ai-je toujours eu en horreur ceux qui trafiquent l'honneur & qui jouent le ſentiment : ce ſont à mes yeux autant de monſtres : l'art de tromper & de ſéduire , eſt un art malheureux qui cauſe bien des maux ; malheur à celui qui le poſſéde , c'eſt un funeſte avantage ! je ne conçois pas comment on peut affecter à l'extérieur ce que l'ame ne fent pas ? Je n'ai jamais pu mafquer mes fentimens ; lorfque j'ai quelque chofe fur le cœur, je ne puis le cacher long-tems. Ah ! fi mon pere n'eût pas été tranfporté de douleur & de joie depuis qu'il a retrouvé fon ami , il auroit déjà lu dans mon ame ; il eft en effet bien difficile qu'un cœur comme le mien, ne s'épanche pas au fein de la nature : quelle gloire pour moi fi je viens à poffléder la fille d'un héros ; l'héroifme du pere paffera dans l'ame de fon fils ; cet efpoir me tranfporte au-deffus de moi-même , je fens que jufqu'au moment où mon fort fera décidé , je ne ferai plus à moi : en effet , j'ai d'autres defirs , d'autres fentimens ; je réfléchis que je n'ai encore eu jufqu'ici qu'une idée vague de la vertu. Lorfque je vis Philémon & fa fille pour la premiere fois , leur exemple me fit defirer de vivre comme eux, ignoré , inconnu ; je formai le deffein de paffer le refte de mes jours dans une

obfcurité refpectable ; je ne voulois
briguer d'autre honneur dans mon afyle
champêtre , que le feul droit de rendre
fervice aux miférables. Maintenant , ce
n'eft plus cela , je voudrois être plus
fortuné , fans néanmoins que les richeffes m'éblouiffent ; plus puiffant ,
fans être cependant ambitieux ; je voudrois même poffeder une couronne ,
non pas que j'envie le fort d'un Monarque ; Philémon m'a appris comment
on devoit les révérer ; mais en même-
tems , il m'a perfuadé que leur rang
n'étoit qu'un fuperbe écueil ; je ne
defirerois donc toutes ces chofes , que
pour jouir du bonheur de les partager
avec cette beauté dont l'image s'embellit
fans ceffe à mes yeux. Ah ! Philémon !
pere fortuné , que je te porte envie !
fi le fort te maltraite , le Ciel te dé-
dommage bien d'un autre côté ; ta
fille eft la plus belle récompenfe qu'il ait
pu accorder à ta vertu pendant ta vie :
c'eft un chef-d'œuvre forti des mains
du créateur. C'eft toi, ô Philémon, qui

O v

as formé fon cœur : à l'exemple du tien, qu'il doit être grand & magnanime ! tes foins font bien payés, car fes vertus l'emportent encore au-deffus des charmes de fa beauté. Ah ! Luffan ! mon cher Luffan, viens avec moi, je vais trouver mon pere ; je veux me jetter aux genoux de Philémon , je ne tiens plus aux tranfports qui agitent mon ame. L'humanité a fait naître ma flamme, ce fera l'amour & la vertu aidés de la nature qui la couronneront : fi je fuis affez heureux d'être le fils de Philémon , je veux me modeler fur lui , afin que fi jamais l'adverfité fuccédoit à ma fortune , je puiffe la fupporter avec fermeté ; je ne veux jamais oublier les leçons qu'il a bien voulu nous donner.

A l'inftant où d'Arvigni alloit faire l'aveu de fon amour à fon pere , il apperçut un courier qui entroit dans la cour du château ; Philémon fe montre, & le courier qui le prit pour quelqu'un attaché au comte , lui demande s'il ne pourroit pas lui parler : Je l'ignore, dit

Philémon, j'étois tout-à-l'heure avec lui, je l'ai quitté pour aller rejoindre ma fille, car elle ne peut être fans moi, & je me fens plus content lorfque je fuis près d'elle.

Bélinde appercevant fon pere parlant à un étranger à cheval, devint tout-à-coup tremblante, & court fe jetter dans fes bras en laiffant échapper des cris perçans. Mon pere, dit-elle, ah mon pere ! faut-il encore nous féparer, vient-on vous annoncer quelques nouveaux malheurs ? Les craintes de Bélinde étoient fondées, elle favoit qu'un grand homme tant qu'il refpire, a des ennemis, & elle n'ignoroit pas que ceux de fon pere, étoient encore puiffans à la cour, quoique ce ne fût plus le même prince qui avoit exilé fon pere qui regnât pourlors : elle craignoit que la retraite de Philémon n'eût été découverte, & qu'on n'eût totalement juré fa perte : mais c'étoit tout le contraire : la chance avoit tourné à l'avantage du bon vieillard, dont on reconnoiffoit le rare mérite, & la sagesse dans les conseils. Le courier demande donc à parler au comte ; il dit à Philémon qu'il est porteur des ordres de la cour, qui concernent un ancien serviteur du feu roi, qui est retiré auprès de lui avec sa fille. On fait avertir le comte qui avoit eu soin de donner avis à la cour du dépôt respectable dont il étoit en possession ; sur le champ le rappel de l'illustre exilé fut expédié & envoyé au comte d'Orval, qui jouissoit d'un crédit puissant auprès du prince ; crédit, qui n'étoit point le fruit d'une basse flatterie, mais justement mérité. Le comte paroît, & le courier lui remet le paquet dont il étoit porteur. Il l'ouvre, il lit, il ne peut dissimuler son étonnement : à peine, dit-il, ma lettre peut-elle être arrivée, & voilà ce que j'ai demandé : assurément le Ciel m'a servi dans cette occasion. Voici le plus beau moment de ma vie, ô mon ami, dit le comte, en tombant aux pieds de Philémon, le roi vous rend son estime &

fa confiance, il veut que je me rende avec vous auprès de fa perfonne. Je fuis le plus heureux des hommes, j'ai fait reconnoître la vertu, & mon prince ne dédaignera pas de la faire fiéger auprès de fon trône. Pendant que le comte embraffoit Philémon, & lui témoignoit la joie dont fon ame étoit enivrée, Luffan & d'Arvigni apperçurent de loin cette fcene attendriffante. Quel moment favorable, dit Luffan à d'Arvigni, de demander ce que vous defirez! courons les rejoindre. Le comte en les appercevant venir : accourez, leur dit-il, embraffez un héros victorieux de la méchanceté de fes ennemis; jettez-vous à fes genoux, ce fera déformais vôtre appui, votre protecteur auprès d'un Monarque jufte & bienfaifant. Vous voyez, mes enfans, dit Philémon, qu'il faut abandonner fon fort à la providence, il ne peut être en de meilleures mains.

Bélinde à cette heureufe nouvelle étoit tombée dans un évanouiffement dont on eut beaucoup de peine à la faire revenir ; le comte & tous ceux qui environnoient Philémon , répandoient des larmes de joie. O vertu, s'écria d'Arvigni , ô vertu , que ton pouvoir est grand ! que je plains ceux qui ne connoissent pas tes charmes ! c'est du fond d'une chaumiere qu'elle inspire de la vénération aux rois , & qu'elle en impose aux méchans. Eh bien ! mes amis , dit Philémon , que cette vertu qui vous séduit aujourd'hui vous soit toujours chere , qu'elle vous tienne lieu de tout , & sachez la respecter dans toutes les occasions ; ne l'abandonnez jamais , elle vous soutiendra dans les revers , si jamais vous en éprouvez ; que dis-je ? est-il quelque mortel qui n'ait point versé des larmes ? Le ciel a voulu m'éprouver , en permettant à mes ennemis de faire croire à mon prince , que j'étois le sien , par mes vues ambitieuses. Dieu m'est témoin que je n'ai jamais voulu que le bien , & que je n'ai cessé d'aimer mon prince dans le plus fort de ma disgrace ; j'ai murmuré contre la perfidie des hommes, mais je n'ai jamais accusé mon prince de mon malheur ; il a été trompé, c'est le sort des rois, ce n'est pas sa faute : le ciel qui lit dans les cœurs, n'a pas permis aux souverains d'y lire : ainsi quand l'injustice accompagne leur jugement, ils sont plus malheureux que coupables.

D'Arvigni s'appercevant de l'émotion de Philémon, de celle de son pere, & de la sensibilité de Bélinde qui fondoit en larmes, regarda cette situation de l'un & l'autre comme favorable à sa démarche ; ainsi sans plus tarder davantage, il se jette entre le comte & Philémon, qui tous deux versoient des larmes de joie & d'attendrissement. Enfin la vertu & l'amitié triomphent, s'écrie-t-il ! & la reconnoissance va faire triompher un héros d'une fortune ennemie ! Digne & respectable pere, vous qui n'avez voulu de tout tems que le bonheur de votre fils, voici l'instant de le combler, & de le rendre à jamais durable ; jufqu'ici je n'ai reçu de vous, que des marques de tendreffe & de bonté, que cet inftant fortuné y mette le comble en vous rendant à mes defirs. Et vous, digne héros, qui fans doute ignorez mes defirs, c'eft à vous que mon cœur s'adreffe ; votre exemple & vos leçons qui me feront à jamais précieufes, m'ont infpiré le goût de la vertu ; vous avez bien voulu ébaucher l'ouvrage, daignez le couronner : j'ofe attendre de vous mon bonheur, il va dépendre de votre aveu, de celui de votre refpectable fille & de mon pere. Ah ! que puis-je faire pour vous, mon ami, dit Philémon ? fi votre bonheur pouvoit dépendre de moi, jamais mortel ne feroit plus heureux : parlez, que puis-je faire pour vous ? Eh bien ! mon pere, car je ne puis vous appeller autrement, ce nom a des charmes fecrets pour mon ame ; déjà unis enfemble par les liens de l'amitié, que les liens du fang viennent à jamais en refferrer les nœuds. Oui, mon pere, j'adore le respectable objet qui est devant vos yeux, j'ignore si mon amour peut passer dans son ame, mais ce que je puis dire, c'est qu'il a puisé sa source dans le sentiment le plus épuré. Prononcez tous les trois sur mon sort, mon pere, Philémon, vertueuse Bélinde, c'est de vous qu'il dépend, votre arrêt me donnera ou la vie ou la mort.

Mon fils, repartit le comte, je ne peux qu'approuver votre flamme ; j'ai toujours desiré de vous voir vertueux, je crois que rien ne peut assurer mieux mes desirs qu'en vous unissant à la vertu ; je consens à vos desirs, si toutefois ils peuvent plaire à mon ami & à sa fille. Philémon, sensible au procédé du comte, crut devoir y répondre. Que ne vous dois-je pas, dit il, ô mon ami, & quels bienfaits pourront jamais égaler les services que vous venez de me rendre ! Ah ! grand homme, que dites-vous, c'est moi qui vous dois tout, ce que je viens de faire ne m'a rien coûté, je n'ai fait qu'obéir aux volontés du roi ; je n'ai pas en vous servant exposé ma vie ni défendu la vôtre ; au contraire, en vous servant, je me suis servi moi-même ; car je suis persuadé que le roi me saura bon gré d'avoir pu lui faire rendre justice à un homme vertueux.

Comment, mon ami, dit Philémon, vous n'avez rien fait pour moi ? N'est-ce donc rien que d'être venu me souftraire à la mendicité ? N'est-ce rien que de m'avoir donné l'asyle, de m'avoir nourri, ainsi que ma fille ? croyez que je vous dois plus que vous ne pensez. Lorsque je défendis vos jours, je fis mon devoir & rien de plus : un François voit-il jamais son compagnon en proie à la fureur d'un ennemi, sans voler à son secours ? Je n'ai rien fait que de très-ordinaire ; cessez donc de me vanter ce prétendu bienfait. Comptez-vous donc pour rien l'obligation que je vous aurai, si je peux encore servir & mon prince & l'état ? Quelle richesse pourroit jamais effacer une semblable obligation ? Je suis pauvre, mon ami, mais riche en sentimens, je fais apprécier les services, & je fais qu'il en est que rien ne peut payer : celui de mettre un homme à portée d'obliger ses ennemis, est de ce nombre. Je ne posséde qu'un trésor, je le crois digne de vous & de votre fils qui en est jaloux, je crois ne pouvoir mieux le placer ; je vous fais un grand sacrifice, mon ami, dit-il à d'Arvigni, en vous mettant ma fille dans les bras. Si quelque chose pouvoit compenser le don que je vous fais, je ne vous immolerois pas ce que j'ai de plus cher ! mais ce qui me fait consentir à vos desirs, c'est les vertus que je vous connois, & j'espere que ma chere fille sera heureuse avec vous. A ces mots, il dit à sa fille de demander l'aveu du comte, qui se trouvoit très-honoré d'une telle alliance. Bélinde reçut cet aveu de son pere avec une douleur très-vive. Vous allez donc me séparer de vous, ô mon pere ! quelle fille vous reste-t-il donc pour essuyer vos pleurs & charmer les ennuis de votre vieilleffe ? Philémon, dit-il, ma chere fille, ne verfera plus de pleurs auprès de fon prince, le plaifir feul de le voir les tarira, & quoique vieux, mon zele à le fervir, fera renaître en moi le feu de la jeuneffe; d'ailleurs, j'efpere que tu ne me quitteras pas, & que le même toît nous couvrira tous les trois. Le premier mouvement de la nature fut douloureux à Philémon, ainfi qu'à fa fille, qui ne confentit à donner la main à d'Arvigni, qu'à condition que fi fon pere venoit encore à effuyer des revers, elle auroit le droit de le fuivre par-tout. La perfuafion où l'on étoit du contraire fit qu'on acquiefça à fa volonté; d'après cela, elle accorda fa main à d'Arvigni, qui ne tarda pas à obtenir l'agrément du roi pour contracter cette alliance. Le même jour, Philémon & fa fille, accompagnés de d'Arvigni, du comte d'Orval & de Luffan, partirent pour fe rendre à la cour. Je laiffe à penfer quel fut l'étonnement des courtifans

jaloux de Philémon, qui ne foupçon-
noient pas l'y revoir jamais ; en effet,
jamais révolution plus foudaine & moins
attendue , n'avoit encore paru à la
cour.

La préfence de Philémon reçu du
prince avec bonté, jetta la confterna-
tion & l'épouvante parmi fes ennemis,
qui s'attendoient à voir éclater bientôt
fa vengeance fur eux : mais , ils fe
trompoient; Philémon qui n'avoit jamais
connu le reffentiment, venoit pour les
fervir , les embraffer & leur pardonner.
Lorfque Philémon aborda fon maître :
venez , lui dit le prince , venez , digne
défenfeur de mes droits, reprenez votre
rang & vos droits dans mon cœur ; je
reconnois votre fidélité , & votre grandeur d'ame au milieu de vos malheurs,
ne m'eft pas inconnue : je veux tout
réparer ; foyez déformais , mon ami ,
l'ame de mes confeils , & l'appui de
mon trône : je veux que déformais l'augufte Philémon me ferve de pere , &
foutienne l'autorité furprife qui a caufé

ses malheurs. Venez, véritable héros, venez vous montrer aux yeux de toute ma cour, & qu'elle apprenne de moi, que si un monarque peut commettre une injustice par surprise, il est glorieux pour lui de savoir la réparer. C'est maintenant à moi à punir les lâches qui ont séduit ma crédulité, je dois cet exemple à la postérité, pour en imposer aux cœurs assez bas qui pourroient les imiter.

Ces paroles d'un roi indigné, prononcées devant une multitude de courtisans, parmi lesquels il y avoit plusieurs ennemis de Philémon, firent trembler cet aréopage d'iniquité ; la pâleur, la honte & l'effroi, se peignirent sur tous les visages. Vous connoissez la justice dit le roi à Philémon, que votre esprit dirige mon courroux & prononce l'arrêt de vengeance que je dois tirer des traîtres qui m'en ont imposé. O mon maître, s'écria Philémon, l'arrêt est prononcé, votre cœur l'a dicté, les Bourbons ne se vengent qu'en pardonnant. Un roi eft toujours porté à la clémence, il laiffe à l'Eternel à punir les vices du cœur, il fe contente de plaindre ceux qui ne font pas droits, & auxquels l'ambition fait fouvent commettre bien des injuftices. Daignez donc oublier les torts de mes ennemis, je vous en conjure. J'y confens, dit le roi, je compte fur leur repentir. Ils font innocens, dit Philémon, puifque mon prince & mon cœur leur pardonnent. Quelle fut la furprife de tous les ennemis de Philémon, qui s'attendoient à un vif reffentiment, quand ils furent que lui-même avoit demandé leur grace! ils ne purent que maudire leur injuftice, fans ofer jamais fe montrer devant lui; l'afpect d'un homme vertueux en impofe aux méchans. Philémon rétabli dans fon premier état, fe fervit de fon crédit pour faire le bien; la faveur de fon maître ne lui fit point oublier fes fentimens; il fut auffi modefte & auffi grand que dans fon infortune, loin de fe venger; il rendit fervice à plufieurs de ſes ennemis : il jouit peu de tems de l'avantage d'être encore utile , la mort vint le ravir pour le malheur des humains , quelques années après ſon rappel. Il finit , comme il l'avoit deſiré , chéri de ſon prince qui lui donna des larmes, & regretté de tous ſes concitoyens : mais il eut la conſolation de ſe voir renaître avant de mourir , dans un petit-fils qui fut le fruit de l'alliance à laquelle il avoit conſenti en donnant ſa fille au chevalier d'Arvigni , qui pour ſon malheur ne jouit pas long-tems du bonheur de la poſſéder ; elle ne put ſupporter l'idée de la perte de Philémon , une image accablante la conſuma de chagrin & la fit ſuivre ſon pere de près dans la tombe. Il eſt peu d'exemples d'un pareil naturel dans le ſexe de nos jours.

Philémon de retour à la cour, n'oublia pas ſon ami Bazile , & Bélinde avant de mourir, eut la conſolation de tirer ſa chere Herzilie de l'obſcurité dans laquelle elle ſembloit devoir paſſer

ſes

ſes jours. Pour d'Arvigni & Luſſan, leur amitié devint plus étroite que jamais, & ils ne ſe ſéparerent qu'à la mort.

Fuyez donc pour jamais, vils corrupteurs des cours, ſur-tout ne paroiſſez jamais dans celle d'Auguſte ; il veut en faire le temple de la juſtice, le ſanctuaire du vrai mérite & le tabernacle de la vertu.

F I N.

comme aussi d'imprimer, ou faire imprimer, vendre, faire vendre, débiter, ni contrefaire lesdits Ouvrages sous quelque prétexte que ce puisse être, sans la permission expresse & par écrit dudit Exposant, ses hoirs ou ayans-cause, à peine de saisie & confiscation des Exemplaires contrefaits, de six mille livres d'amende qui ne pourra être modérée pour la premiere fois, de pareille amende & de déchéance d'état en cas de récidive, & de tous dépens, dommages & intérêts, conformément à l'Arrêt du Conseil du 30 Août 1777, concernant les contrefaçons : A LA CHARGE que ces Présentes seront enregistrées tout au long sur le Registre de la Communauté des Imprimeurs & Libraires de Paris, dans trois mois de la date d'icelles ; que l'impression desdits Ouvrages sera faite dans notre Royaume & non ailleurs, en bon papier & beaux caracteres, conformément aux Réglemens de la Librairie, à peine de déchéance du présent Privilége ; qu'avant de les exposer en vente, le manuscrit qui aura servi de copie à l'impression desdits Ouvrages sera remis, dans le même état où l'Approbation y aura été donnée, ès mains de notre très - cher & féal Chevalier, Garde-des-Sceaux de France, le sieur HUE DE MIROMÉNIL ; qu'il en sera ensuite remis deux exemplaires dans notre Bibliotheque publique, un dans celle de notre Château du Louvre, un dans celle de notre très-cher & féal Chevalier, Chancelier de France, le sieur DE MAUPEOU, & un dans celle dudit sieur HUE DE MIROMÉNIL ; le tout à peine de nullité des Présentes : DU CONTENU desquelles vous MANDONS & enjoignons de faire jouir ledit Exposant & ses ayans-cause, pleinement & paisiblement, sans souffrir qu'il leur soit fait aucun trouble ou empêchement. VOULONS que la copie des Présentes, qui sera imprimée tout au long, au commencement ou à la fin desdits Ouvrages, soit tenue pour duement signifiée, & qu'aux copies collationnées par l'un de nos amés & féaux Conseillers Secrétaires foi soit ajoutée comme à l'original. COMMANDONS au premier notre Huissier ou Sergent sur ce requis, de faire, pour l'exécution d'icelles, tous actes requis & nécessaires, sans

demander autre permiſſion , & nonobſtant clameur
de haro , charte normande , & lettres à ce contraires : car tel eſt notre plaiſir. Donné à Paris, le
huitième jour du mois d'Avril , l'an de grace mil ſept
cent ſoixante-dix-huit, & de notre regne le quatrième.
Par le Roi en ſon Conſeil.

Signé, LE BEGUE.

Regiſtré ſur le Regiſtre XX de la Chambre Royale &
Syndicale des Libraires & Imprimeurs de Paris , N°.
1504 , 263 , fol. 548 , conformément aux diſpoſitions
énoncées dans le préſent Privilége, & à la charge de re-
mettre à ladite Chambre les huit exemplaires preſcrits
par l'article CVIII du Réglement de 1723. A Paris,
ce 21 Mai 1778.

Signé, A. M. LOTTIN l'aîné , Syndic.

De l'Imprimerie de C H A R D O N ,
rue Galande. 1778.